新农村住宅建设技术问答

江苏省建设厅
东 南 大 学

中国建筑工业出版社

图书在版编目(CIP)数据

新农村住宅建设技术问答/江苏省建设厅,东南大学.
北京:中国建筑工业出版社,2006
ISBN 978-7-112-08683-2

Ⅰ.新… Ⅱ.①江…②东… Ⅲ.①农村住宅—建筑设计—问答②农村住宅—建筑工程—工程施工—问答
Ⅳ.TU241.4-44

中国版本图书馆 CIP 数据核字(2006)第 122934 号

新农村住宅建设技术问答
江苏省建设厅
东南大学

*

中国建筑工业出版社出版、发行(北京西郊百万庄)
各地新华书店、建筑书店经销
北京天成排版公司制版
世界知识印刷厂印刷

*

开本:850×1168 毫米 1/32 印张:5⅛ 插页:4 字数:145 千字
2006 年 10 月第一版 2009 年 4 月第四次印刷
印数:22201—25200 册 定价:**14.00 元**
ISBN 978-7-112-08683-2
(15347)

版权所有 翻印必究
如有印装质量问题,可寄本社退换
(邮政编码 100037)

本书包括新农村建设的政策与法规、村镇规划与设计、住宅设计、结构设计、建筑材料和施工技术等六个部分，共 231 个问答题，较为系统又简明扼要地解答了农村建房过程中应注意的主要问题，如农村建房如何选址，如何进行设计、施工，如何选择建筑材料，如何保证工程质量和施工安全等。本书可作为乡镇建筑站指导农民建房的辅导材料，也可作为农民自己建房的学习材料。

＊　＊　＊

责任编辑：李根华
责任设计：崔兰萍
责任校对：张景秋　关　健

《新农村住宅建设技术问答》编委会组成人员名单

主　　编：张　泉　　顾小平
副 主 编：陆根法　　陈继东　　杨维菊　　唐宏彬
编　　委：唐厚炽　　石剑莹　　缪留根　　徐春宁　　黄　明
　　　　　耿　飞　　贺海涛　　周贵祥　　黄　勇　　戴望炎
　　　　　葛筠圃　　袁　伟　　韩红喜　　郭辉琴　　刘宇红
　　　　　梅耀林　　李　田　　高　燕　　姜　妍　　林　宁
　　　　　林志佳　　蔡立宏
审　　校：王　华　　王然良

序

近年来,党中央、国务院十分重视"三农"工作,采取了一系列支农惠农的重大政策,农业和农村发展出现了积极变化,农村经济社会得到了较快发展。为进一步解决"三农"问题,党的十六届五中全会提出了建设社会主义新农村的重大历史任务,这是党中央、国务院以科学发展观统领经济社会发展全局,统筹城乡发展的重大战略部署,也是实现全面建设小康社会和加快社会主义现代化建设步伐的关键所在。建设社会主义新农村20字方针包含了物质文明、精神文明、政治文明等各个方面,内容丰富,涵义深刻,体现了新形势下农村经济、政治、文化和社会发展的要求。

农房建设是新农村建设的重要组成部分。"小康不小康,关键看住房",住房与广大农民群众的生产生活密切相关,是农村小康生活主要的量化指标。当前,随着农业生产的发展、农业结构的改善和支农政策的落实,农民收入逐年增加,极大地激发了广大农民群众建设家园的热情。据统计,近10年全国每年新增农村住房建筑面积约6～7亿平方米,占全国新建住房总量的一半以上。2005年江苏省村镇新建住房30.2万户,建筑面积达4228.24万平方米,其中楼房比例达84%。但与此同时,也存在着村庄规划滞后、观念落后、管理薄弱等问题,导致农民建房散乱,土地资源浪费严重,建筑形式单一且缺乏地方特色,有些农民房屋大而无当,少数新建房屋甚至存在着安全隐患。因此,搞好农房建设,提高居住质量,满足广大农村居民的居住生活需要,对于推进社会主义新农村建设具有十分重要的意义。为此,江苏省建设厅联合东南大学在2004年编印的《农村建房技术百问》的基础上，编辑了这本《新农村住宅建设技术问答》，旨在结合新农村建设的总体要求，更好地为农民建房服务，引导帮助农民群众以科学的理念住上安全、舒适的新居。

新形势下的农村建房要按照国家的法律法规和村镇规划的要求，贯彻落实建设节约型社会的要求，坚持"适用、经济、安全、美观"，坚持"节能、节地、节水、节材"，根据农村的生产生活习惯、文化传统和地形地貌，精心设计建造形式多样统一、乡村风情浓郁、节能省地型的农村住房。既要解决农民群众的实际困难，又要提高他们的居住生活质量；既要经济实惠，又要舒适安全；既能就地取材，又能保护资源和环境；既能适应目前现状，又能考虑今后的发展。

这本《新农村住宅建设技术问答》以问答的形式，用通俗易懂的语言，系统而又简明扼要地解答了农村建设的政策法规、村镇规划与设计、住宅设计、结构设计、建筑材料和施工技术等六个方面应注意的主要问题。既可作为村镇建设管理干部为农民建房服务的工具书，又可作为农民建房过程中的学习材料。希望该书能对江苏乃至全国的农民建房起到较好的指导作用，成为广大村镇建设管理干部和农民朋友的良师益友。

江苏省建设厅厅长 周游

2006 年 10 月 14 日

前　言

《中共中央关于制定国民经济和社会发展第十一个五年规划的建议》提出了建设社会主义新农村的重大历史任务，为结合江苏省农村农房建设和整治改造，切实提高农房的建设水平和工程质量，普及农村建房的知识，改善农村居住环境，我们在《农村建房技术百问》的基础上，组织有关专家编辑了《新农村住宅建设技术问答》一书，主要是帮助广大农民朋友在建设自己的家园时，能够按照国家和地方的法律、法规、标准、规范，建设好既安全、舒适，又符合环保、节能省地型的新型农村住宅。

全书分农村建设的政策与法规、村镇规划与设计、住宅设计、结构设计、建筑材料和施工技术等六个部分，共231个问答题，较为系统又简明扼要地解答了农村建房过程中应注意的主要问题，如农村建房如何选址，如何进行设计、施工，如何选择建筑材料，如何保证工程质量和施工安全等。

书后附有新农村建筑的8幅彩图，是从2005年度江苏省村镇住宅优秀设计方案中选辑的。

本书实用性强，可作为乡镇建筑站管理干部指导农民建房的辅导材料；本书操作性强，可作为农民在建房过程中的学习材料。

目 录

序

一、农村建设的政策与法规 ……………………………… 1
1. 国家对土地管理有哪些规定？…………………………… 1
2. 我国土地的所有权和使用权有何规定？………………… 1
3. 土地利用总体规划有哪些要求？………………………… 2
4. 村庄建设规划有哪些原则？……………………………… 3
5. 村庄建设有哪几种形式？………………………………… 4
6. 村庄建设用地标准是多少？……………………………… 4
7. 农村建房要办哪些手续？………………………………… 4
8. 村庄和集镇规划有哪些规定？…………………………… 5
9. 村庄、集镇规划有几个阶段？…………………………… 6
10. 村庄、集镇总体规划有哪些内容？……………………… 6
11. 村庄、集镇建设规划有哪些内容？……………………… 6
12. 村庄、集镇规划由谁批准？……………………………… 6
13. 编制规划包括哪些内容？………………………………… 6

二、村镇规划与设计 ……………………………………… 9
14. 村镇选址应注意哪些问题？……………………………… 9
15. 农村建房选址应注意哪些问题？………………………… 9
16. 农村建房如何考虑风水？………………………………… 10
17. 村镇中的公共设施有哪些？……………………………… 10
18. 村镇中公共服务设施指标如何配套？…………………… 10
19. 村镇道路如何设置？……………………………………… 11
20. 农村基础设施建设包括哪些内容？……………………… 12
21. 怎样保护好农村历史文化遗产？………………………… 14

22. 什么是节能住宅? …………………………………… 15
23. 建设节能建筑对农民有哪些好处? ………………… 15
24. 建筑保温和隔热有什么区别? ……………………… 15
25. 为什么农村住房要提倡保温? ……………………… 16
26. 住宅建筑有哪些节能保温措施? …………………… 16
27. 农村住宅建筑利用太阳能有哪些好处? …………… 17
28. 如何安装好太阳能热水器? ………………………… 17
29. 为什么太阳能热水器要和建筑一体化? …………… 17
30. 农村如何利用沼气? ………………………………… 18
31. 农村秸秆如何进行综合利用? ……………………… 19
32. 农村村镇如何选择供水方案? ……………………… 20
33. 室内生活给水管道应怎样布置和敷设? …………… 21
34. 农村供水水质污染的防护措施有哪些? …………… 22
35. 室内生活排水管道应怎样布置和敷设? …………… 23
36. 农村污、废水为什么不能直接排放? ……………… 23
37. 农村污、废水排放的要求是什么? ………………… 24
38. 农村应怎样进行污水处理? ………………………… 24
39. 什么是生活污水沼气净化池技术? ………………… 25
40. 什么是人工湿地生活污水净化处理技术? ………… 26
41. 人工湿地有哪几种? ………………………………… 27
42. 什么是厌氧发酵—人工湿地生活污水处理技术? … 27
43. 厌氧发酵(沼气)—人工湿地生活污水净化处理
    有哪些优点? ……………………………………… 28
44. 怎样选择排水管管材? ……………………………… 29
45. 农村生活垃圾如何收集、运输和处理? …………… 29
46. 农村建筑供电电压为多少? 电能质量有何要求? … 30
47. 何为安全低电压? …………………………………… 30
48. 低压配电线路应设哪些保护装置? ………………… 31
49. 常用的低压保护电器有哪些? ……………………… 31
50. 哪些设备的配电线路要设漏电电流动作保护? …… 31
51. 漏电电流保护装置的动作电流如何选择? ………… 31
52. 常用的低压电线电缆有哪些? ……………………… 32

53. 低压配电线路敷设有哪些要求？·················· 32
54. 常用的照明光源有哪些？······················ 32
55. 保护开关如何与室内照明配线配合？·············· 33
56. 如何设置防雷装置？·························· 34
57. 农村通信和有线电视线路如何敷设？有线电视终端
　　插座及电话终端出线口的数量如何确定？·········· 34

三、住宅设计 ·································· 35

58. 为什么农村建房也要设计？···················· 35
59. 农村建房有哪些原则？························ 36
60. 农村住宅建设有哪些要求？···················· 36
61. 农村住宅设计有哪些基本原则？················ 36
62. 农村住宅设计有哪些技术性要求？·············· 37
63. 农村建房应该满足哪些具体设计要求？·········· 37
64. 农村建房的建筑高度有没有要求？·············· 38
65. 农村建房一般采用哪些屋顶形式？
　　各有什么优缺点？···························· 38
66. 农村住房如何选择朝向？······················ 39
67. 哪些植物和花卉不能放在房间？················ 40
68. 如何计算建筑面积？·························· 40

四、结构设计 ·································· 42

69. 农村建筑结构形式一般有哪几种？·············· 42
70. 农村建筑地基有哪些要求？···················· 42
71. 农村建筑地基处理一般有哪几种形式？·········· 43
72. 地基处理中遇到橡皮土如何处理？·············· 43
73. 地基处理中遇到周围已有建筑地基如何处理？···· 43
74. 砌体结构的基础形式有哪些？应有什么要求？···· 44
75. 如何确定基础埋深？·························· 44
76. 为什么要考虑建筑物的防潮？·················· 45
77. 墙身如何设置墙身防潮层？···················· 45
78. 地面出现返潮的原因是什么？应怎样解决？······ 46

79. 砌体结构有哪些优点和缺点？ …… 47
80. 砌体结构强度受哪些因素影响？ …… 48
81. 砌体结构中墙体的作用有哪些？为什么要
重视墙体设计？ …… 48
82. 什么是墙的高厚比？墙体高厚比的限值为多少？ …… 48
83. 砌体结构中墙体布置的原则是什么？ …… 49
84. 农村建房设计中如何考虑防火？ …… 49
85. 农村建房为何要考虑到抗震？ …… 50
86. 有抗震设防要求的地区农村建房有哪些规定？ …… 51
87. 砌体建筑有哪些抗震构造措施？ …… 53
88. 什么是钢筋混凝土圈梁？如何设置钢筋混凝土圈梁？ …… 53
89. 什么是钢筋混凝土构造柱？如何设置钢筋
混凝土构造柱？ …… 54
90. 砌体结构墙体裂缝的原因有哪些？ …… 55
91. 防止墙体开裂的主要措施有哪些？ …… 56
92. 农村建筑楼板、屋面板采用现浇板好还是
预制板好？ …… 57
93. 预应力空心板如何选择？要注意哪些问题？ …… 58
94. 设置阳台、雨篷应注意哪些问题？ …… 58
95. 混凝土框架结构有哪些优点？ …… 59
96. 混凝土框架结构框架布置有哪些要求？ …… 60
97. 框架柱有哪些构造要求？ …… 60
98. 框架梁有哪些构造要求？ …… 60
99. 复合木结构有哪些特点？ …… 61
100. 卷材防水屋面局部构造有哪些做法？ …… 61
101. 钢筋混凝土结构的瓦屋面应如何构造？ …… 63
102. 油毡瓦的常规做法是什么？ …… 64

五、建筑材料 …… 65

103. 建筑用钢材主要有哪几种？什么是Ⅰ级、Ⅱ级、
新Ⅲ级、冷轧扭、冷轧带肋钢筋？ …… 65
104. 建筑用钢材为什么要选用热轧Ⅱ级、新Ⅲ级钢？ …… 66

105. 为什么不能选用伪劣钢材？ ………………………………… 66
106. 用什么简易的方法判断钢筋的好坏？ ……………………… 66
107. 钢筋在混凝土施工中为什么要严格控制保
     护层的厚度？ ……………………………………………… 66
108. 什么是普通混凝土？它有哪些特性？ ……………………… 67
109. 为什么水泥要分强度等级？ ………………………………… 67
110. 什么是水泥的安定性？ ……………………………………… 68
111. 为什么水泥不能过期？如何鉴别？ ………………………… 68
112. 水泥在运输和存放过程中为何不能受潮和雨淋？ ………… 68
113. 如何处理受潮的水泥？ ……………………………………… 69
114. 为什么砂、石有级配要求？ ………………………………… 69
115. 为什么砂、石不能含有泥块、有机物等杂质？ …………… 70
116. 为什么混凝土对水质有要求？ ……………………………… 70
117. 如何配制混凝土？ …………………………………………… 70
118. 为什么不宜用海水拌制混凝土？ …………………………… 71
119. 为节约水泥用量，降低混凝土造价，在配制
     混凝土时应采取哪些措施？ ……………………………… 71
120. 在配制混凝土时，为什么不能随意改变水灰比？ ………… 71
121. 浇筑成型后的混凝土，为什么要在一定龄期内
     不断洒水养护？为什么夏天要不停地洒水，
     而冬天可少洒水？ ………………………………………… 72
122. 砂浆有哪几类？各有什么用途？ …………………………… 72
123. 砌筑砂浆的稠度有什么要求？ ……………………………… 72
124. 砌筑砂浆如何配制？抹灰砂浆如何配制？ ………………… 73
125. 普通抹面砂浆的主要性能要求是什么？不同部位
     应采用何种抹面砂浆？ …………………………………… 73
126. 什么是防水砂浆？怎样配制防水砂浆？ …………………… 74
127. 砂浆使用中应注意哪些问题？ ……………………………… 74
128. 什么是保温砂浆？ …………………………………………… 75
129. 何谓混合砂浆？抹灰工程采用水泥石灰
     混合砂浆有何好处？ ……………………………………… 75
130. 如何避免水泥砂浆楼地面起灰起砂现象发生？ …………… 75

13

131. 墙体材料中为什么要禁止使用黏土实心砖？……………… 75
132. 目前农村采用的新型墙体材料有哪几种？……………… 76
133. 如何用简易方法鉴别一批生石灰的质量优劣？……………… 76
134. 如何用简单方法辨认出哪是熟石灰？
  哪是生石灰粉或建筑石膏？……………… 77
135. 建筑石膏及其制品为什么适用于室内，
  而不适用于室外？……………… 77
136. 农村住宅采用什么样的门窗比较好？……………… 77
137. 为什么屋面材料禁止使用黏土瓦，采用水泥
  彩瓦等新型瓦？……………… 78
138. 防潮层通常有哪些材料？……………… 78
139. 屋面防水材料有哪几类？如何选择？……………… 79
140. 屋面防水材料为什么要淘汰石油沥青纸胎
  油毡？目前推广采用哪些新型防水材料？……………… 79
141. 屋面防水有哪些做法？……………… 80
142. 目前常用的卷材防水材料有哪些？
  各有什么特点？……………… 80
143. 什么是传统建筑防水材料？什么是新型
  建筑防水材料？……………… 81
144. 如何正确选择和使用建筑防水材料？……………… 81
145. 防水卷材施工对气候条件有什么具体的要求？……………… 82
146. 建筑外墙饰面为什么禁止使用锦砖（马赛克），
  限制使用墙面砖？……………… 82
147. 为什么要推广新型建筑涂料？……………… 83
148. 什么是质量合格的建筑外墙涂料？……………… 83
149. 为什么劣质建筑内墙涂料不能用？……………… 83
150. 为什么禁止使用聚乙烯醇缩甲醛胶（107）系列
  涂料，禁止使用 107 胶作为瓷砖胶粘剂？……………… 84
151. 为什么要淘汰螺旋升降式铸铁水嘴，采用陶瓷片
  密封水嘴？……………… 84
152. 卫生间为什么要淘汰冲洗量大于 9 升的洁具，推广应用
  冲洗量小于 6 升的洁具？……………… 84

153. 为什么要限制使用屋顶混凝土水箱,推广不锈钢水箱和
     玻璃钢水箱? ……………………………………………… 84
154. 室内给水禁止使用镀锌管,推广使用新型塑料管材的
     意义何在? ………………………………………………… 84
155. 排水禁止使用铸铁排水管,推广使用塑料排水管
     的意义何在? ……………………………………………… 85
156. 室内装饰装修用人造板及其制品中甲醛限量值
     有怎样要求?花岗石、建筑陶瓷、石膏制品
     等建筑材料放射性核素限量有何规定? ………………… 85
157. 木材为什么要防腐、防虫蛀?怎样防治? ……………… 86
158. 为什么木材要干燥? ……………………………………… 86
159. 为什么木材多用来作承受顺压和抗弯的构件,
     而不宜作受拉构件? ……………………………………… 86
160. 常用建筑外墙、内墙装饰材料有哪些? ………………… 87
161. 室内装修污染主要有哪些?对人体有何伤害? ………… 87
162. 建筑中常用涂料有哪些?其特性用途是什么? ………… 89
163. 涂料的外观质量要求是什么? …………………………… 90
164. 涂料的选用应注意些什么? ……………………………… 90
165. 饰面石材有哪几类? ……………………………………… 91
166. 为什么大理石不宜用在室外? …………………………… 91
167. 为什么釉面砖只能用于室内,而不能用于室外? ……… 92
168. 外墙面砖的脱落原因和解决措施是什么? ……………… 92

六、施工技术 ……………………………………………… 93

169. 农村住宅施工前对场地开挖的一般要求和方法
     有哪些? …………………………………………………… 93
170. 农村住宅基础施工应注意哪些问题? …………………… 94
171. 基槽挖土时槽底施工宽度应取多大尺寸? ……………… 95
172. 对发现有异常的地基,应如何进行处理? ……………… 95
173. 怎样做好基槽(坑)或室内地坪(房心)的回填土方? ……… 96
174. 怎么做墙身防潮层? ……………………………………… 96
175. 什么是皮数杆?有何作用? ……………………………… 97

176. 砌体结构墙体施工时应遵守哪些原则？ …………… 97
177. 门窗洞口如何留设木砖或水泥砂浆预制块？ ………… 99
178. 内外墙交接处留槎和加拉结钢筋有哪些具体规定？ … 99
179. 砖墙砌筑时怎样预留构造柱的豁槎和预埋钢筋？
     构造柱怎样施工？ ………………………………… 99
180. 为什么对墙体的每天砌筑高度有限制的要求？ ……… 100
181. 怎样砌筑门窗洞口砖墙和安装门窗框？ ……………… 100
182. 砖墙砌筑至梁底或楼板底部时，其墙顶砌体
     应如何处理？ ……………………………………… 101
183. 砌体施工质量的突出问题有哪些？ …………………… 101
184. 砌筑工程中常用哪些施工工具？ ……………………… 102
185. 墙体砌筑对砂浆有什么要求？ ………………………… 102
186. 砖砌体施工前对砖浇水湿润有什么规定？ …………… 103
187. 砖砌体砌筑时的一般规定有哪些？ …………………… 103
188. 砖墙砌筑有哪些具体的砌筑方法？石材砌筑有哪些
     具体的砌筑方法？ ………………………………… 105
189. 在砌体的哪些部位中不得随意设置(预留洞)脚手眼？ … 107
190. 墙体的哪些部位应采用丁砖砌筑？ …………………… 107
191. 墙体留槎有哪些要求？ ………………………………… 107
192. 如何留置墙间钢筋？ …………………………………… 108
193. 如何砌筑空心黏土砖(或多孔黏土砖)？ ……………… 110
194. 为什么不允许砌筑空斗墙？ …………………………… 110
195. 为什么不允许站在墙体上砌墙？ ……………………… 111
196. 石材砌体砌筑时的一般规定有哪些？ ………………… 111
197. 砌块砌体砌筑时的一般规定有哪些？ ………………… 112
198. 农村建房中内脚手架搭设有哪些注意事项？ ………… 114
199. 农村建房中外脚手架搭设有哪些注意事项？ ………… 115
200. 现浇混凝土模板安装的基本要求有哪些？ …………… 118
201. 柱模板安装有哪些注意事项？ ………………………… 120
202. 梁、板模板安装有哪些注意事项？ …………………… 120
203. 农村建房中钢筋制作应注意哪些方面？ ……………… 121
204. 钢筋的绑扎应符合哪些规定？ ………………………… 122

205. 常见钢筋电弧焊有哪些规定？ ……………………… 123
206. 现浇混凝土现场搅拌有哪些规定？ ………………… 125
207. 混凝土浇筑时有哪些规定？ ………………………… 125
208. 混凝土振捣有哪些规定？ …………………………… 126
209. 混凝土养护有哪些规定？ …………………………… 126
210. 模板由哪几部分组成？现浇混凝土结构施工时
     对模板有哪些基本要求？ …………………………… 127
211. 梁模板由哪些构造部分组成？梁模板的安装程序
     怎样进行？ …………………………………………… 128
212. 如何确定模板的拆除时间和拆除顺序？ …………… 128
213. 什么是混凝土的自然养护？混凝土的自然养护应符合
     哪些规定要求？ ……………………………………… 128
214. 混凝土会有哪些质量问题？原因是什么？ ………… 129
215. 预制钢筋混凝土构件安装应注意哪些方面？ ……… 129
216. 防止雨篷、天沟、阳台等倾覆的措施有哪些？ …… 130
217. 防水屋面施工的基本要求有哪些？ ………………… 131
218. 刚性防水平屋面施工有哪些注意事项？ …………… 134
219. 柔性防水平屋面施工有哪些注意事项？ …………… 134
220. 防水坡屋面施工有哪些注意事项？ ………………… 135
221. 屋面保温层施工有哪些注意事项？ ………………… 136
222. 抹灰工程施工有哪些注意事项？ …………………… 136
223. 农村建房都有哪些安全事故？ ……………………… 138
224. 农村建房应特别注意哪些安全事项？ ……………… 138
225. 冬期施工应注意哪些问题？ ………………………… 139
226. 农村建房常见的工程质量事故有哪些？ …………… 141
227. 室内墙壁开关、插座如何布置？ …………………… 143
228. 农村盖房子，装饰装修要注意哪些问题？ ………… 143
229. 什么是农房平移技术？ ……………………………… 144
230. 农房平移技术有哪些优点？ ………………………… 144
231. 农房平移要具备哪些条件？ ………………………… 145
参考文献 …………………………………………………… 146
彩图：2005年度江苏省村镇住宅优秀设计方案选辑 …… 147

一、农村建设的政策与法规

1. 国家对土地管理有哪些规定？

实行严格的土地管理制度，是由我国人多地少的国情决定的，也是贯彻落实科学发展观，保证经济社会可持续发展的必然要求。

（1）严格依照法定权限审批土地。农用地转用和土地征收的审批权在国务院和省、自治区、直辖市人民政府，各省、自治区、直辖市人民政府不得违反法律和行政法规的规定下放土地审批权，严禁规避法定审批权限，将单个建设项目用地拆分审批。

（2）严格执行占用耕地补偿制度。

（3）禁止非法压低地价招商。违反规定出让土地造成国有土地资产流失的，要依法追究责任，情节严重的，以非法低价出让国有土地使用权罪追究刑事责任。

（4）严格依法查处违反土地管理法律法规的行为。对非法批准占用土地、征收土地和非法低价出让国有土地使用权的国家机关工作人员，给予行政处分；构成犯罪的，追究刑事责任，对非法批准征收、使用土地，给当事人造成损失的还必须依法承担赔偿责任。

2. 我国土地的所有权和使用权有何规定？

（1）中华人民共和国实行土地的社会主义公有制，即全民所有制和劳动群众集体所有制。农村和城市郊区的土地，除由法律规定属于国家所有的以外，属于农民集体所有；宅基地和自留地，属于农民集体所有。

(2) 农民集体所有的土地依法属于村农民集体所有的,由村集体经济组织或者村民委员会经营、管理;已经分别属于村内两个以上农村集体经济组织的农民集体所有的,由村内各该农村集体经济组织或者村民小组经营、管理;已经属于乡(镇)农民集体所有的,由乡(镇)农村集体经济组织经营、管理。

(3) 农民集体所有的土地,由县级人民政府登记造册,核发证书,确认所有权。农民集体所有的土地依法用于非农业建设的,由县级人民政府登记造册,核发证书,确认建设用地使用权。单位和个人依法使用的国有土地,由县级以上人民政府登记造册,核发证书,确认使用权;其中中央国家机关使用的国有土地的具体登记发证机关,由国务院确定。

(4) 依法改变土地权属和用途的,应当办理土地变更登记手续。依法登记的土地的所有权和使用权受法律保护,任何单位和个人不得侵犯。

(5) 土地所有权和使用权争议,由当事人协商解决;协商不成的,由人民政府处理。单位之间的争议,由县级以上人民政府处理;个人之间、个人与单位之间的争议,由乡级人民政府或者县级以上人民政府处理。当事人对有关人民政府的处理不服的,可以自接到处理决定通知之日起三十日内,向人民法院起诉。在土地所有权和使用权争议解决前,任何一方不得改变土地利用现状。

3. 土地利用总体规划有哪些要求?

(1) 土地利用总体规划的规划期限由国务院规定。土地利用总体规划按照下列原则编制:

① 严格保护基本农田,控制非农业建设占用农用地;

② 提高土地利用率;

③ 统筹安排各类、各区域用地;

④ 保护和改善生态环境,保障土地的可持续利用;

⑤ 占用耕地与开发复垦耕地相平衡。

(2) 县级土地利用总体规划应当划分土地利用区，明确土地用途。

(3) 城市建设用地规模应当符合国家规定的标准，充分利用现有建设用地，不占或少占农用地。

(4) 江河、湖泊综合治理和开发利用规划，应当与土地利用总体规划相衔接。在江河、湖泊、水库的管理和保护范围以及蓄洪滞洪区内，土地利用应当符合江河、湖泊综合治理和开发利用规划，符合河道、湖泊行洪、蓄洪和输水的要求。

4. 村庄建设规划有哪些原则？

(1) 城乡统筹的原则。村庄建设与城镇发展相协调，优先促进长期稳定从事二、三产业的农村人口向城镇转移，合理促进城市文明向农村延伸，形成特色分明的城镇与乡村的空间格局，促进城乡和谐发展。

(2) 因地制宜的原则。综合当地自然条件、经济社会发展水平、生产方式等，切合实际地部署村庄各项建设。

(3) 保护耕地、节约用地的原则。村庄应充分利用丘陵、缓坡和其他非耕地进行建设；应紧凑布局村庄各项建设用地，集约建设。

(4) 保护文化、注重特色的原则。有效保护和合理利用历史文化，尊重健康的民俗风情和生活习惯，突出地方特色。

(5) 村庄田园化的原则。保护村庄自然肌理，突出乡村风情，保护和改善农村生态环境，变化村容村貌，提高村民生活质量。

(6) 尊重民意的原则。充分听取村民意见，尊重村民意愿，积极引导村民健康生活。

(7) 循序渐进的原则。正确处理近期建设和长远发展的关系，推进新农村建设，村庄建设规模、速度同当地经济发展、人口增减相适应。

5. 村庄建设有哪几种形式？

（1）整治型村庄：不聚集或基本不聚集周边其他地区村民的村庄。在调查建筑质量和村民建房需求的基础上，合理确定保留、整治、拆除的建筑，注意保护原有村庄和社会网络和空间格局，合理提高基础设施和公共服务设施配套水平，加强村庄绿化和环境建设，提高村庄居住环境。对具有重要历史文化保护价值的村庄，应按照有关历史文化保护法律法规的规定，编制专项保护规划。现存比较完好的传统和特色村落，要严格保护，并整治影响和破坏传统特色风貌的建、构筑物，妥善处理好新建住宅与传统村落之间的关系。

（2）整治扩建型村庄：在镇村布局规划的指导下，以现状村庄为基础，适度集聚周边地区村民的村庄。在整治现有旧村的同时，扩建部分与现有村庄在道路系统、空间形态、社会关系等方面应注意良好的衔接，在建筑风格、景观环境等方面有机协调；在现有村庄基础上沿1～2个方向集中建设（选择发展方向应考虑交通条件、土地供给、农业生产等因素），避免无序蔓延，形成紧凑布局形态；统筹安排新旧村公共设施与基础设施配套建设。

（3）新建型村庄：指根据经济和社会发展需要，如因基础设施建设存在安全隐患等因素而整体迁址新建的村庄。新建型村庄的规划应与自然环境相和谐；用地布局合理，设施配套完善，环境清新优美，充分体现浓郁乡风民俗和时代特征。

6. 村庄建设用地标准是多少？

新建村庄人均规划建设用地标准不超过 $130m^2$。整治和整治扩建村庄应合理降低人均建设用地水平。

7. 农村建房要办哪些手续？

（1）申请规划选址和建房用地。

村（居）民建住宅，应当先向村民委员会提出建房申请。使用原有宅基地、村内空闲地和其他非耕地的，经村民委员会讨论同意后,向乡(镇)人民政府申请核发村镇规划选址意见书;需要使用耕地的,由县级人民政府建设行政主管部门核发村镇规划选址意见书,并按土地管理的法律、法规规定的程序办理土地使用手续。

(2)申请核发村镇工程建设许可证。

村(居)民个人持村镇规划选址意见书向乡(镇)人民政府申请核发村镇工程建设许可证。

(3)取得村镇工程建设许可证后,须经乡(镇)人民政府村镇建设管理部门现场放样、验线,方可正式施工。

8. 村庄和集镇规划有哪些规定?

(1)村庄、集镇规划由乡级人民政府负责组织编制,并监督实施。

(2)村庄、集镇规划的编制,应当遵循下列原则:

① 根据国民经济和社会发展计划,结合当地经济发展的现状和要求,以及自然环境、资源条件和历史情况等,统筹兼顾,综合部署村庄和集镇的各项建设。

② 处理好近期建设与远期发展,改造与新建的关系,使村庄、集镇的性质和建设的规模、速度和标准同经济发展和农民的生活水平相适应。

③ 合理用地、节约用地,各项建设应当相对集中,充分利用原有建设用地,新建、扩建工程及住宅应当尽量不占用耕地和村地。

④ 有利生产、方便生活,合理安排住宅、乡(镇)村企业、乡(镇)村公共设施和公益事业等建设布局,促进农村各项事业协调发展,并适当留有发展余地。

⑤ 保护和改善生态环境,防治污染和其他公害,加强绿化和村容镇貌、环境卫生建设。

(3)村庄、集镇规划的编制,应当以县城规划、农业区划、土地利用总体规划为依据,并同有关部门的专业规划相协调。县级人民政府组织编制的县域规划，应当包括村庄、集镇建设体系规划。

9. 村庄、集镇规划有几个阶段？

编制村庄和集镇规划一般分为村庄、集镇总体规划和村庄、集镇建设规划两个阶段进行。

10. 村庄、集镇总体规划有哪些内容？

村庄、集镇总体规划是乡级行政区域内村庄和集镇布点规划及相应的各项建设的整体部署，主要内容包括：乡级行政区域的村庄、集镇布点，村庄和集镇的位置、性质、规模和发展方向，村庄和集镇的交通、供水、供电、商业、绿化等生产和生活设施的配置。

11. 村庄、集镇建设规划有哪些内容？

村庄、集镇建设规划，应当在村庄、集镇总体规划指导下，具体安排村庄、集镇的各项建设，其主要内容包括：住宅、乡（镇）村企业、乡（镇）村公共设施、公益事业等各项建设的用地布局，用地规划，有关的技术经济指标，近期建设工程以及重点地段建设具体安排。

12. 村庄、集镇规划由谁批准？

村庄、集镇总体规划和集镇建设规划，须经乡级人民代表大会审查同意，由乡级人民政府报县级人民政府批准。村庄建设规划，须经村民会议讨论同意，由乡级人民政府报县级人民政府批准。村庄、集镇规划经批准后，由乡级人民政府公布。

13. 编制规划包括哪些内容？

（1）总则：

①规划原则；
②村庄建设类型；
③村庄建设要求。
(2) 村庄布局：
①建设用地范围；
②布局结构。
(3) 公共服务设施：
①布局；
②配置规模及内容。
(4) 住宅建设：
①住宅建设类型；
②住宅建设要求；
③住宅选型。
(5) 基础设施规划：
①道路交通工程：道路等级及宽度、停车场地；
②给水与消防工程：水源、管网、消防设施；
③排水工程：排水体制、污水处理、管网；
④供电工程：变电所、供电线路、路灯；
⑤通信工程：局所设置、线路；
⑥燃气工程：供气方式、线路；
⑦环卫工程：垃圾收集点、公厕。
(6) 绿化景观规划：绿化布局、绿化配置、村口景观、水体景观、建筑景观、道路景观、其他重点地区景观。
(7) 主要技术经济指标及投资指标。
(8) 规划图纸：

①现状图(标示村庄位置)：图纸比例1：1000～1：2000，标明地形地貌、道路、绿化、工程管线及建筑物的性质、层数、质量等。

②规划总平面图：比例尺同上，标明规划建筑、绿地、道路、广场、停车场、河湖水面等的位置和范围。

③ 基础设施规划图：道路交通规划，比例尺同上，标明道路的走向、红线位置、横断面、道路交叉点坐标，车站、停车场等交通设施用地界线。市政管网规划，比例尺同上，标明各类市政公用设施、环境卫生设施及管线的走向、管径、主要控制点标高，以及有关设施和构筑物位置、规模。

④ 附图：住宅选型图，可配公共建筑选型图，部分效果图。

二、村镇规划与设计

14. 村镇选址应注意哪些问题？

村镇规划坚持整治改建为主、异地新建为辅的原则。村镇选址应落实合理利用土地、切实保护耕地的基本国策，以利用荒山、荒地建设为主，禁止占用基本农田。

(1) 村镇建设用地的选择应根据地理位置和自然条件、占地的数量和质量、现有建筑和工程设施的拆迁和利用、交通运输条件、建设投资和经营费用、环境质量和社会效益等因素，经过技术经济比较，择优确定。

(2) 村镇建设用地宜选在生产作业区附近，并应充分利用原有用地调整挖潜，同基本农田保护区规划相协调。当需要扩大用地规模时，宜选择荒地、薄地，不占或少占耕地、林地和人工牧场。

(3) 村镇建设用地宜选在水源充足，水质良好，便于排水，通风向阳和地质条件适宜的地段。

(4) 村镇建设用地应避开山洪、风口、滑坡、泥石流、洪水淹没、地震断裂带等自然灾害影响的地段；并应避开自然保护区、有开采价值的地下资源和地下采空区。

(5) 村镇建设用地宜避免被铁路、重要公路和高压输电线路所穿越。

15. 农村建房选址应注意哪些问题？

(1) 居住建筑用地选址必须符合规划，有利生产，方便生活，具有适宜的卫生条件和建设条件。

(2) 居住建筑用地应布置在大气污染源的常年最小风向频率的下风侧以及水污染源的上游。

(3) 居住建筑用地应与生产劳动地点联系方便，又互不干扰。

(4) 居住建筑用地位于丘陵和山区时，应优先选用向阳坡，通风良好的地段，并避开风口和窝风地段。

(5) 居住建筑用地应具有适合建设的工程地质与水文地质条件。

16. 农村建房如何考虑风水？

风水的核心内容是人们对居住环境进行选择和处理的一种学问，应科学地吸取古代人们对择居环境要求的精髓，指导现代民居的建造。农村建房受自然条件影响较大，与城市建筑相比，要更多地考虑各地自然条件的特点，充分利用风向水流地质地理地貌等自然因素，一方面房屋应避免建造在易受山洪、风口、滑坡、泥石流、洪水淹没、地震断裂带等自然灾害影响的地段；另一方面，应避免房屋建造后造成对当地原生态的破坏，保持与自然环境和睦相处。

17. 村镇中的公共设施有哪些？

(1) 公益性公共服务设施，一般指文化、教育、行政管理、医疗卫生、体育健身等公共设施。

(2) 经营性公共服务设施，一般指日用百货、集市贸易、食品店、粮店、综合修理店、小吃店、便利店、理发店、娱乐场所、物业管理服务公司、农副产品加工点等公共设施。

18. 村镇中公共服务设施指标如何配套？

公共服务设施配套指标按每千人 $1000\sim2000m^2$ 建筑面积计算。

(1) 公益性公共建筑项目参照表 18.1 配置。

公益性公共建筑项目配置表　　　　　　表 18.1

内　容	设　置　条　件	建 设 规 模
1. 村(居)委会	村委会所在地设置，可附设于其他建筑	100~300m²
2. 幼儿园、托儿所	可单独设置，也可附设于其他建筑	—
3. 文化活动室（图书室）	可结合公共服务中心设置	不少于 50m²
4. 老年活动室	可结合公共服务中心设置	—
5. 卫生所、计生站	可结合公共服务中心设置	不少于 50m²
6. 健身场地	可与绿地广场结合设置	不少于 150m² 用地
7. 文化宣传栏	可与村委会、文化站、村口结合设置	长度不少于 3m
8. 公厕	与公共建筑、活动场地结合	每座不少于 30m²

（2）经营性公共服务设施根据市场需要可以单独设置，也可以结合经营者住房合理设置。经营性公共建筑建设规模参照表 18.2 执行。

经营性公共建筑建设规模　　　　　　表 18.2

村庄规模(人)	800~1500	1500~3000	3000 以上
建筑面积(m²)	>500	>600	>800

19. 村镇道路如何设置？

村镇所辖地域范围内的道路，按主要功能和使用特点应划分为公路和村庄道路两类。根据村庄的不同规模，选择相应的道路等级与宽度。规模较大（1500 人以上）村庄可按照主要、次要、宅间道路进行布置，中小规模村庄可酌情选择道路等级与宽度。

村庄主要道路：一般路面宽度 6~9m，道路两侧建筑退让 2~2.5m。

村庄次要道路：一般路面宽度3～5m，道路两侧建筑退让2～2.5m。

宅间道路：路面宽度2.5～3m。

此外，村庄还要考虑村民停车场地的布置。主要考虑停车的安全和经济、方便。私家农用车停车场地、多层公寓住宅停车场地宜集中布置，低层住宅停车可结合宅、院分散布置，可适当考虑部分村内道路占道停车，公共建筑停车场地应结合车流集中的场所统一安排。有特殊功能（如旅游）村庄的停车场地布置主要考虑停车安全和减少对村民的干扰，宜在村庄周边集中布置。

20. 农村基础设施建设包括哪些内容？

（1）给水工程

① 根据村庄分布特点、生活水平和区域水资源条件，合理确定用水量指标、供水水源和水压要求，生活饮用水水质应符合现行有关国家标准的规定。

② 供水水源应与区域供水、农村改水相衔接，用自备水源的村庄应配套建设净化、消毒设施；给水管网的供水压力，宜满足建筑室内末端供水龙头不低于1.5m的水压。

③ 结合道路规划，合理布置输配水管网，有条件的地区可布置成环状网。

（2）排水工程

① 村庄应因地制宜结合当地特点选择排水体制。新建村庄，经济条件较好的、有工业基础的村庄宜采用有污水排水系统的不完全分流制或有雨污水排水系统的完全分流制；其他现状雨污合流制的村庄，远期逐步改造为不完全分流制或完全分流制。

② 村庄污水收集与处理遵循就近集中的原则，靠近城区、镇区的村庄污水可纳入城区、镇区污水收集处理系统；其他村庄可根据村庄分布与地理条件，集中或相对集中收集处理污水。

③ 根据地区经济发展和生活水平，科学预测污水量，合理设置污水处理设施，因地制宜地确定污水采用简单处理（化粪池）

或二级处理(一体化处理设施、污水资源化处理设施、高效生态绿地污水处理设施等),纯生活污水处理后的尾水、污泥可结合农业生产予以利用,含工业污水处理后的尾水排放应达到国家有关标准规定的要求。

④ 优化排水管渠。布置排水管渠时,雨水应充分利用地面径流和沟渠就近排放;分流制、合流制污水应通过管道或暗渠排放,雨污水管渠宜尽量采用重力流。

(3) 供电工程

① 参考不同地区的现状用电水平,合理确定用电指标,预测用电负荷。

② 村庄10kV电源的确定和变电站站址的选择应以乡镇供电规划为依据,并符合建站条件,线路进出方便和接近负荷中心。

③ 村庄10kV配电可采用杆上配电式及户内式,变压器的布点符合"小容量、多布点、近用户"原则。

④ 农村低压线路(380/220V)的干线宜采用绝缘电缆架空方式敷设为主,有特殊保护要求的村庄可采用电缆埋地敷设。架空线杆排列应整齐,尽量沿路侧架设。低压架空线路的干线截面不宜小于$70mm^2$。低压线路的供电半径不宜超过250m。

⑤ 村庄主要道路设置路灯照明,光源宜采用节能灯,经济条件允许的村庄推荐采用太阳能灯具。道路照明设置参考标准见表20。

道路照明设置参考标准　　　　　　　　　　　表20

道路宽度	灯具设置间距	灯具高度	备 注
6~9m(主路)	25~40m	6~8m	单排设置
3~5m(次路)	20~30m	2.5~4m	单排设置

(4) 通信工程

① 电信工程规划包括预测固定电话主线需求量;结合周边电信交换中心的位置及主干光缆的走向确定村庄光缆接入模块点的位置及交换设备容量。村庄的固定电话主线容量按1门/户计

算,另外考虑10%左右的公共用户。

② 有线电视、广播管线应和电信线路同路径敷设。

③ 村庄的通信线路一般以架空方式为主,电信、有线电视线路宜同杆敷设,经济条件较好的村庄在新建集中区可以采用管道下地敷设,一般采用2~4孔PVC110塑料管。

(5) 清洁能源利用

村庄应以发展清洁燃料、提高能源利用效率为目标,提高燃气使用普及率。燃气主要包括液化气、管道天然气、秸秆制气、沼气等。

(6) 燃气利用

根据不同地区的村庄特点,结合地区经济条件,确定农村燃气利用方式。一般村庄以提高燃气普及率为主,城镇边缘村庄可以接入城镇燃气管网。农村燃气的利用按相关的规程执行。

(7) 推进太阳能的综合利用。

可结合住宅建设,集中或分户设置太阳能热水装置。

(8) 环境卫生设施

① 村庄生活垃圾收集应实行垃圾袋装化,按照"组保洁、村收集、镇转运、县(市)处理"的垃圾收集处置模式,确定生活垃圾收集点和收集站位置、容量。垃圾收集点的服务半径一般不超过70m。积极鼓励农户利用产生的有机垃圾作为有机肥料,实现有机垃圾资源化。

② 根据村庄规模,结合村庄公共设施合理配建公共厕所。1500人以下规模的村庄,宜设置1~2座公厕,1500人以上规模的村庄,宜设置2~3座公厕。公厕建设标准应达到或超过三类水冲式标准,每座建筑面积不少于30m^2。

21. 怎样保护好农村历史文化遗产?

保护民族文化,保护优秀的历史村镇、民居群落和历史建筑是新农村建设中的一项重要工作。

对列为保护对象的优秀历史城镇、乡村、居民点和民居群落，应进行规划，在实施保护的前提下合理利用，将保护历史村镇、民居群落、古建筑群和优秀历史建筑列为新农村建设的具体内容，筹集必要资金，加以修缮和保护。

22. 什么是节能住宅？

所谓节能住宅，是在建筑物的外墙采用一定的保温隔热措施，使外部的炎热温度不至于很快进入建筑物内，或使室内的温暖温度不至于很快流失到室外，使室内的环境舒适度大大提高，在不使用空调的情况下，夏季室内温度比其他建筑要低 2～3℃，冬季室内温度比其他建筑要高 3～5℃，且建筑物的用电量将大幅度减少。

我国新建建筑规模巨大。但长期以来，建筑保温隔热和气密性却很差。以江苏省多层砖混住宅为例，过去长期沿用 240mm 厚实心黏土砖墙，保温效果很差，又多是单层门窗，缝隙不严，门窗及空气渗透使能量损失近一半以上。近年来，国家一直在推动节能建筑的建设，城市住宅要强制执行节能建筑设计标准。作为农村建筑也要积极提倡建设节能建筑，因为节能建筑对国家、对环境、对自己都是有利的。

23. 建设节能建筑对农民有哪些好处？

(1) 提高农民居住水平。由于加强了外墙和屋面的保温隔热，改进了门窗的热工性能和密闭性，使得建筑冬季室内的热量不容易散失，夏天室外的热能不容易侵入，室温得到保证，舒适度大大提高；而且用电量也大大降低。

(2) 农村可采用地方材料进行建筑外围护结构的改造。这样比较经济，花钱少，又能提高室内的热舒适性，使房屋冬暖夏凉。

24. 建筑保温和隔热有什么区别？

保温通常是指围护结构在冬季阻止由室内向室外传热，从而使室内保持适当温度的能力。隔热通常是指围护结构在夏季隔离太阳辐射热和室外高温的影响，从而使其内表面保持适当温度的能力。

25. 为什么农村住房要提倡保温？

农村住房大多是平房，围护结构（包括屋面、外墙、门窗等）散热面积多，而且比较单薄，建造时也没有进行保温设计，冬天比较寒冷，如果使用时采用一些采暖设备，如空调、电热炉等加以补救，能保持所需的室内温度，但采暖的费用大大增加，与农民的收入不相符合，花费大。另外有些保温不足的围护结构，还容易受室外低温的影响，导致内表面温度过低，引起结露、长霉、室内潮湿，使室内热环境恶化。

26. 住宅建筑有哪些节能保温措施？

目前住宅建筑的节能保温措施，主要是对屋面和外墙及外门窗做保温隔热层。

（1）屋面保温。可选用挤塑板作为保温材料，但不宜采用膨胀珍珠岩块，因为这类材料受潮后会对屋面起破坏作用。

（2）墙保温分外墙内保温和外墙外保温两种。从理论分析和实际效果上，外墙外保温由于对热桥的传热阻断较好，效果明显好于内保温。但对保温材料要求较高，目前使用较多的保温材料有：外墙保温砂浆、聚苯胶粉颗粒保温砂浆、聚苯乙烯泡沫板、挤塑聚苯乙烯板，聚氨酯保温系统等，以及其他的外墙保温做法。内保温层材料，可选用保温砂浆、聚苯板、玻璃棉、岩棉等作保温材料。随着研制开发，也出现一些自保温的墙材以及新型节能产品，如页岩模数多孔砖、长江淤泥砖、加气混凝土砌块等，采用这些产品砌筑的墙体自身就具有良好的节能效果。

（3）外门窗应采用保温性、气密性较好的门窗，如塑钢门窗、断热的铝合金门窗、中空玻璃门窗。

27. 农村住宅建筑利用太阳能有哪些好处？

太阳能是一种清洁、卫生、经济，对环境无污染，而又取之不尽的清洁能源，农村住宅建筑应大力提倡并积极采用太阳能，如太阳能温室、太阳能灶和太阳能热水器等。由于太阳能热水器设施简单、安装方便、价格低廉等优点，很适合在农村推广应用，这对缓解农村能源短缺、改善农村生态环境和农民生活水平起到积极的效果。

采用太阳能热水器还有以下好处：

（1）节能。太阳能热水器与燃气或电热水器相比较，具有节能高效的特点，且无需支付能源费用。

（2）安全可靠无污染。由于不耗电，也不燃烧油、气、煤，不会对大气环境造成污染，也不会对人体造成中毒、电击等伤害。

（3）寿命长、免维护。若使用合理，其寿命可长达 15 年之久。

（4）适用范围广。只要有阳光照射的地方，都可使用太阳能热水器，它能提供日常家庭生活用热水，十分方便。

28. 如何安装好太阳能热水器？

太阳能热水装置的安装位置，其最佳布置是朝向正南，偏差允许在±10°以内，有利于提高集热器表面上的太阳辐射度。热水设备多数安装在屋顶上，集热器不受任何建筑物和树木的遮挡，并尽可能选择避风处或采取防风措施。集热器和建筑物的连接要牢固。

29. 为什么太阳能热水器要和建筑一体化？

要想达到太阳能热水器和建筑的和谐美，在住宅设计的时候，就应把太阳能热水器作为建筑的构件，与建筑主体统一构思，考虑支承结构的构造和施工问题，管道的布局应合理，摆放安全、有序，充分利用光照，维修通道通畅，便于管理，不影响建筑美学要求，使整体布局一致。

30. 农村如何利用沼气？

沼气是有机物质在厌氧环境中，在一定的温度、湿度、酸碱度的条件下，通过微生物发酵作用，产生的一种可燃气体。由于这种气体最初是在沼泽、湖泊、池塘中发现的，所以人们叫它沼气。沼气含有多种气体，主要成分是甲烷（CH_4）。

随着我国沼气科学技术的发展和农村家用沼气的推广，根据当地使用要求和气温、地质等条件，家用沼气池有固定拱盖的水压式池、大揭盖水压式池、吊管式水压式池、曲流布料水压式池、顶返水水压式池、分离浮罩式池、半塑式池、全塑式池和罐式池。

固定拱盖水压式沼气池有圆筒形（图30）、球形和椭球形三种池型。这种池型的池体上部气室完全封闭，随着沼气的不断产

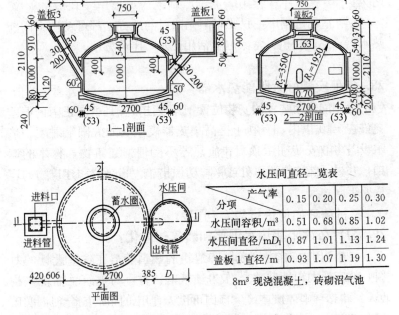

水压间直径一览表

产气率 分项	0.15	0.20	0.25	0.30
水压间容积/m³	0.51	0.68	0.85	1.02
水压间直径/mD_1	0.87	1.01	1.13	1.24
盖板1直径/m	0.93	1.07	1.19	1.30

8m³ 现浇混凝土，砖砌沼气池

图30 圆筒形固定拱盖压力式沼气池

生，沼气压力相应提高。这个不断增高的气压，迫使沼气池内的一部分料液进到与池体相通的水压间内，使得水压间内的液面升高。这样一来，水压间的液面跟沼气池体内的液面就产生了一个水位差，这个水位差就叫做"水压"（也就是 U 形管沼气压力表显示的数值）。用气时，沼气开关打开，沼气在水压下排出；当沼气减少时，水压间的料液又返回池体内，使得水位差不断下降，导致沼气压力也随之相应降低。这种利用部分料液来回串动，引起水压反复变化来贮存和排放沼气的池型，就称之为水压式沼气池。

建造沼气池，选择地基很重要，这是关系到建池质量和池子寿命的问题。由于沼气池是埋在地下的构筑物，因此，池基应该选择在土质坚实、地下水位较低、土层底部没有地道、地窖、渗井、泉眼、虚土等隐患的地方。

建造沼气池，事先要进行池子容积的计算，就是说计划建多大的池子为好。计算容积的大小原则上应根据用途和用量来确定。池子太小，产气就少，不能保证生产、生活的需要；池子太大，往往由于发酵原料不足或管理跟不上去等原因，造成产气率不高。目前，我国农村沼气池产气率普遍不够稳定，夏天一昼夜每立方米池容约可产气 $0.15m^3$，冬季约可产气 $0.1m^3$ 左右，一般农村五口人的家庭，每天煮饭、烧水约需用气 $1.5m^3$（每人每天生活所需的实际耗气量约为 $0.2m^3$，最多不超过 $0.3m^3$）。同时，应考虑生产用肥。因此，农村建池，每人平均按 $1.5\sim2m^3$ 的有效容积计算较为适宜（有效容积一般指发酵间和贮气箱的总容积）。

31. 农村秸秆如何进行综合利用？

对秸秆的综合利用有几种渠道：

一是可用它和畜禽粪便制取沼气作燃料，沼气渣作肥料。这样既免除了对环境的污染，又化害为利，变废为宝，增加了经济收入；将秸秆喂养家畜，家畜肉可供人食用，同时家畜粪尿可用作肥料还田，还可进入沼气池制取沼气。在家畜饲料场所下挖掘沼气池，让家畜粪尿直接进入沼气池，就形成了一个良性循环：家畜粪尿用以制取沼气，沼气用作农村的生活用能，沼气渣可以还田，用作农作物的肥料，农作物秸秆又用作家畜饲料或直接用以制取沼气。

二是以秸秆和工业废渣为主要原料可以生产出新型绿色建材——硅钙秸秆轻体墙板。硅钙秸秆轻体墙板是以农作物秸秆为主要原料，配以加强材料和黏合材料，在反应池里经过物理反应和化学反应，脱模后自然凝固。整个工艺流程没有废水、废气、废渣排出，而且原材料充足广泛，容易采集，生产工艺先进，产品优势突出，省电、省水、节约能源，可替代木材、石膏、玻璃、钢等其他建材，广泛应用于建筑的内墙。

三是秸秆可以制气。秸秆制气是秸秆原料在缺氧状态下加热反应的能量转换过程。秸秆由碳、氢、氧等元素和灰分组成，当它们被点燃时，只供应少量的空气，并且采取相应的措施控制其反应过程，使碳、氢元素变成一氧化碳、甲烷等可燃气体，秸秆中的大部分能量都转换到气体中，这就形成了气化过程。在江苏省的铜山、邳州、丹阳等地均有使用，且效果很好。建设一可供500户农家制气站，一般投资在80万元左右，每立方米气收费0.12元，3口之家每月需花费15元左右，如果养猪、养羊烧饲料的话，每月大概花费在24～25元之间。采用的原料一般为麦秆、稻秆和大豆秆。在农村推广应用秸秆制气，可以改变村庄环境，改善农户生活条件，改进农民卫生习惯，变废为宝，减少大气污染，保护环境。由于秸秆制气站只需要两个人烧火，每天工作2～3小时，就可以解决村里一天的用气问题，杜绝了以往家家冒烟的现象。

32. 农村村镇如何选择供水方案？

一般给水系统可分成统一供水系统、分质供水系统、分压供水系统、分区供水系统以及多种供水系统的组合等。在给水系统选择时，必须结合农村当地地形、水源、村镇规划、供水规模及水质要求等条件，从全局考虑，通过多种可行方案的技术经济比较，选择最合理的给水系统。随着农村供水普及率的提高，城镇化建设的加速，以及受水源条件的限制和发展集中管理的优势，农村首选区域供水方式。所谓"区域供水"就是在一个较广的范围内，统一取用较好的水源，组成一个跨越地域界线向多个乡镇和村庄统一供水的系统。由于区域供水的范围较为宽广，跨越乡镇很多，增加供水系统的复杂程度，在设计区域供水时，应对采用原水输送或清水输送以及输水管路的布置和调节水池、增压泵站等的设置，作多方案技术经济比较后确定。

33. 室内生活给水管道应怎样布置和敷设？

人们饮用、盥洗、洗涤、沐浴、烹饪等生活用水构成了室内生活给水系统。在给水管道布置和敷设时应注意以下几点：

(1) 宜布置成枝状管网，单向供水。

(2) 不得布置在遇水会引起燃烧、爆炸的原料、产品和设备的上面。

(3) 塑料给水管宜暗设。不得布置在灶台上边缘；明设的塑料给水立管距灶台边缘不得小于 0.4m，距燃气热水器边缘不宜小于 0.2m。与水加热器或热水炉连接时，应有不小于 0.4m 的金属管段过渡。

(4) 给水管道上的各种阀门，宜装设在便于检修和便于操作的位置。

(5) 埋地敷设的生活给水管道与排水管之间的最小净距，平行埋设时不应小于 0.5m；交叉埋设时不应小于 0.15m，且给水管应在排水管的上面。

(6) 给水管道暗设时，不得直接敷设在建筑物的结构层内；敷设在找平层或管槽内的给水支管的外径不宜大于 25mm。

(7) 需要泄空的给水管道，其横管宜设有 0.002～0.005 的坡度坡向泄水装置。

(8) 敷设在有可能结冻的地方的给水管道应有防冻措施。

34. 农村供水水质污染的防护措施有哪些？

首先，应选择合理的供水方式。农村房屋大都层数不高，给水尽量采用集中供水，供水方式采用下行上给直供式，减少屋顶水箱，防止水质的二次污染。

其次，在建筑物内给水管道铺设方面应注意以下几点：

(1) 生活饮用水给水管道配水出口应高出用水设备溢流水位，其最小间隙为给水管径的 2.5 倍。

(2) 为防止用水器具污水倒流影响，各屋从给水立管接出的支管高度可适当抬高。

(3) 对水冲便器的给水装置，应采取在该给水装置或水冲便器上安装真空破坏器；严禁使用球阀、普通阀门等；选择的自闭式冲洗阀须是经过有关部门鉴定合格的优质产品。

(4) 在家禽、动物饲养场所冲洗管道及动物饮水管道的起端，应设置管道倒流防止器。

再次，给水管材的选用也尤为重要。由于市场上供应的镀锌管大多采用冷镀锌管，使用若干年以后会产生有害物质，管道易锈蚀，出现黄色锈水，严重影响供水水质。新型的给水管材有足够的强度，水密性好，内壁光滑，性质稳定，质量可靠，安装方便，如 PVC-U 管、PP-R 管、PVC-C 管、PEX 管、铝塑复合管、钢塑复合管等。耐腐蚀的金属管材有薄壁不锈钢管、铜管，但其价格相对较高。在使用各种新型的给水管材时，要注意它们各自的连接方式。

另外，若住户自设储水池或屋顶储水箱，不宜采用混凝土结构水池(箱)，应采用维修、清洗方便，水质能得到保证的不锈钢制或玻璃钢制水池(箱)，水池(箱)的溢流管、通气管开口应朝下，末端要安装防鼠、虫、沙尘和雨水侵入的耐腐格网；溢流管、放空管应采用间接排水，不能与其他排水管(包括雨水管)直连，并要保障排水出路的畅通。注意户用储水池(箱)不要太大，若两天内不能得到更新时，应设置水消毒处理装置。市场上一般有成品水箱清洁消毒器供应，它主要是通过水电解产生各类强氧化性物质：HCLO、O_3、CLO_2等，这些物质有极强的杀菌、灭藻能力，可持续不断地清洁水池(箱)甚至用户管道、水龙头，可有效地保证用户用水的安全卫生。

35. 室内生活排水管道应怎样布置和敷设？

建筑内部排水系统的组成应满足以下三个基本要求：

首先系统能迅速畅通地将污、废水排到室外。

其次，排水管道系统气压稳定，有毒有害气体不进入室内，保持室内环境卫生。

第三，管线布置合理，简短顺直，工程造价低。具体在排水管道布置和敷设时应注意以下几点：

（1）自卫生器具至排出管的距离应最短，管道转弯应最少。

（2）塑料排水管应避免布置在热源附近。立管与家用灶具边净距不得小于0.4m。

（3）不得布置在遇水会引起燃烧、爆炸的原料、产品和设备的上面。

（4）卫生器具排水管与排水横管垂直连接，应采用90°斜三通。横管与立管连接，宜采用45°斜三通或45°斜四通和顺水三通或顺水四通。立管与排水管端部的连接，宜采用两个45°弯头或弯曲半径不小于4倍管径的90°弯头。

（5）室内排水沟与室外排水管道连接处，应设水封装置。

（6）排水塑料管排水横支管的标准坡度应为0.026。

（7）大便器排水管最小管径不得小于100mm。

（8）建筑物内排出管最小管径不得小于50mm。

（9）厕所、盥洗室、卫生间及其他需经常从地面排水的房间，应在最低处设置地漏。

36. 农村污、废水为什么不能直接排放？

我国农村有些落后地区大部分生活污水未经处理就近排入了沟渠、河流池塘，造成地表水和地下水污染。这是因为污水中含有较多的有机物，如蛋白质、动植物脂肪、碳水化合物、尿素和氨、氮等，还含有肥皂和合成洗涤剂等，以及常在粪便中出现的病原微生物，如寄生虫卵和肠系传染病菌等。这不仅同样危害水体或土壤中原有生物的生长，而且产生一些有毒和恶臭的气体，毒化周围生态环境。

另外，一些乡镇企业大量废水未经处理就直接排放，使河道污染，微生物生长受到抑制，水体的自净能力受到影响。

因此，农村生活污水直接排放的后果，就是地表水质量严重下降，河道污染，疾病传播等，影响村民的身体健康，水生动植物消亡，生态平衡遭到破坏。

37. 农村污、废水排放的要求是什么？

为了保护环境，我国早已对农村污、废水排放有了明文规定。农村的排水体制宜选择雨、污分流制。对于条件不具备的小型村镇可选择雨、污合流制，但在污水排入系统前，应采用化粪池、生活污水净化沼气池等方法进行预处理。

38. 农村应怎样进行污水处理？

对于一般的生活污水，大都采用化粪池处理。化粪池是一种利用沉淀和厌氧发酵原理去除生活污水中悬浮性有机物的最初级处理构筑物。生活污水中含有大量粪便、纸屑、病原虫等杂质，沉淀下来的污泥经过3个月以上的厌氧消化，使污泥中的有机物分解成稳定的无机物，易腐败的生污泥转化为稳定的熟污泥，改变了污泥的结构，降低了污泥的含水率，定期清掏外运，填埋或用作农肥，一般污泥清掏周期不少于90天。

在农村，生活污水处理性能优于化粪池的是污水净化沼气池技术。它是根据生活污水的特点，集水压式沼气池、厌氧滤器及兼性塘于一体的多级折流式消化系统。污泥清掏周期为一年。

对于经济发展较好的农村地区，活性污泥法和生物膜法也是较为有效的污水处理方法。

活性污泥法是以活性污泥为主体的污水生物处理技术。活性污泥是污水中形成的一种呈黄褐色的絮凝体，其上栖息着具有强大生命力的微生物群体，它具有将有机污染物转化为稳定的无机物质的活力，污水从而得以净化。

而生物膜法的实质是使细菌和菌类一类的微生物和原生动物、后生动物一类的微型动物附着在滤料或某些载体上生长繁育，并在其上形成膜状生物污泥——生物膜。污水与生物膜接触，污水中的有机污染物，作为营养物质，为生物膜上的微生物所摄取，污水得以净化，微生物自身也得到繁殖。

农村住宅分散，全部进行集中处理，将面临污水收集管网投资的巨大压力。所以污水的自然生物处理则较为实用，其中古老的污水处理技术——氧化塘，不失为一种有效手段。氧化塘是经过人工适当修整的土地，设围堤和防渗层的污水池塘，主要依靠自然生物净化功能使污水得到净化。污水在塘内缓慢地流动，较长时间的贮留，通过在污水中存活微生物的代谢活动和包括水生植物在内的多种生物的综合作用，使有机污染物降解，污水得以净化。全过程包括好氧、兼性、厌氧三种状态。

适合农村污水处理的方法还有很多，如人工生态湿地、无动力厌氧、迭水器等，因此，要积极探索，因地制宜，对分散农户引进技术实行就地处理。

对于污水处理产生的大量污泥最终处置与利用的主要方法是：作为农肥利用、污泥堆肥、建材利用、填地等。

39. 什么是生活污水沼气净化池技术？

生活污水沼气净化池是采用沼气厌氧发酵技术和兼性生物过滤技术相结合的方法，在厌氧和兼性厌氧的条件下将生活污水中的有机物分解转化成 CH_4、CO_2 和水，达到净化处理生活污水的目的。其处理工艺：

生活污水—前处理区〔一级厌氧发酵、二级厌氧发酵（挂膜）〕—后处理区（兼性生物滤池）—排放生活污水沼气净化池技术在全国大部分地区得到了推广，它的优点是：处理过程中不需要消耗动力，运行稳定，管理简便，剩余污泥少，还能回收能源（沼气）。

40. 什么是人工湿地生活污水净化处理技术？

"湿地"泛指暂时或长期覆盖水深不超过 2m 的低地，土壤充水较多的草甸，以及低潮时水深不超过 6m 的沿海地区，包括各种咸水、淡水沼泽地、湿草甸、湖泊、河流以及泛洪平原、河口三角洲、泥炭地、湖海滩涂、河边洼地或漫滩、湿草原等。湿地是地球上具有多种独特功能的生态系统，它不仅为人类提供大量食物、原料和水资源，而且还在维持生态平衡、保持生物多样性和珍稀动物资源以及涵养水源、补充地下水等方面起到重要作用，享有"地球之肾"的美誉。

根据湿地形成的条件可把湿地分为自然湿地和人工湿地。自然湿地即在自然状态下形成的，如上述所说的咸水、淡水沼泽地、湿草甸、湖泊、河流以及泛洪平原、河口三角洲、泥炭地、湖海滩涂、河边洼地或漫滩、湿草原等。而人工湿地是科学家受天然湿地净化功能的启发而发明的一项技术。

人工湿地是通过模拟和强化自然湿地功能，将污水有控制地投配到土壤（填料）经常处于饱和状态且生长有芦苇、香蒲等沼泽生植物和土地上，废水在沿一定方向流动的过程中，在耐水植物和土壤（填料）联合作用下得到净化的一种土地处理系统。人工湿地在监督控制下充分利用湿地系统净化污水能力的特点，利用生态系统中的物理、化学和生物的三重协同作用，通过过滤、吸附、沉淀、植物吸收和植物光合、根系输氧作用，促进兼性微生物分解有机污染油来实现对污水的高效净化。废水中的不溶性有机物通过湿地的沉淀、过滤作用，可以很快地被截留，进而被微生物利用，废水中可溶性有机物则可通过植物根系生物膜的吸附、吸收及生物代谢降解过程而被分解、去除。

41. 人工湿地有哪几种？

（1）人工湿地按水流方式可分为潜流湿地和漫流湿地。

① 潜流湿地是在填料床表层面上栽种耐水且根系发达的植物，污水经格栅池、沉淀池预处理后进入湿地床，在湿地床中污水以潜流方式流过滤料，污水中有机质被碎石滤料和植物根系拦截吸附过滤，被微生物与植物根营养吸收、分解，使污水获得净化。

② 漫流湿地（又称自由水面湿地）是污水进入湿地后，在湿地表面维持一定厚度水层，水流呈推流前进，形成一层地表水流，并从地表出流。

（2）按水流方向可将人工湿地又分为水平流湿地床和垂直流湿地床。

① 垂直流湿地床的水流通过导流管或导流墙的引导，在湿地床内上下流动，多个垂直流湿地床串联起来称为多级垂直流湿地。

② 水平流湿地床的水流是按一定方向水平流动。在实际过程中有时将垂直流湿地床与水平流湿地床组合起来使用，这种湿地称为组合式湿地床。垂直流湿地床较水平流湿地床负荷高。

42. 什么是厌氧发酵—人工湿地生活污水处理技术？

如何选择一种处理效果好、造价低、运行管理方便的处理技术，是解决目前农村生活污水处理问题的关键。

生活污水沼气净化池，前处理厌氧发酵比较充分，有机物的去除效率也比较高，后处理兼性滤池的生物过滤效果也很明显。其主要问题是对悬浮物氨氮和磷的去除效果差一些。

人工湿地的缺陷是进水要求比较高，必须有前处理先去除生活污水中大颗粒杂质，避免引起湿地滤料的堵塞，但人工湿地去除氨氮和磷的效果却非常好。通过填料粒径级配合理调整，滤清出水，悬浮物定能达标。

综合这两项技术恰好能取长补短，可将它们有机地结合起来，处理污水的效果非常好。即厌氧发酵—人工湿地生活污水处理技术。

43. 厌氧发酵（沼气）—人工湿地生活污水净化处理有哪些优点？

（1）不需要建小区外的排水管道，投资省。

（2）净化沼气池＋人工湿地，可以分建或合建，可利用河塘边坡、绿化地，不占或少占良地。

（3）在污水净化过程中还能回收能源——沼气，厌氧发酵后的残留物——沼渣每年清掏一次，它是一种优质的有机肥，可作农肥和集中居住小区绿化的肥料，不存在剩余污泥处理问题。

（4）人工湿地可与小区绿化有机结合，栽种观赏植物，成为小区的一个景观，可谓一举多得。

（5）人工湿地净化出水可直接排放到环境水体，也可作小区景观水体的补充水，或用来农灌、浇花草。在水资源缺乏地区是一种水资源循环利用的有效措施。

（6）污水处理过程中利用污水排放的水位差势能，无须动力提升，故无运行能耗，只需少量定期维护管理的人工费，如果考虑到沼气的回收，还有一定的收益。

（7）有不少地方采用土工膜或三灰土夯实方法作人工湿地床防渗漏，造价尚可降低。

但厌氧发酵（沼气）—人工湿地净化处理技术，也有一定的缺陷，如一次性投资稍高，占地稍多，冬季净化效果有一定影响等不足。

江苏省已在如皋市镇南村康居小区和靖江市斜桥镇开发区复建房住宅区进行这项技术的试点。

如皋市镇南村康居小区规划总住户430户，一期工程32户。该处厌氧发酵—人工湿地生活污水处理装置，是以如皋市农村能源技术指导站研制的组合式小型生活污水净化处理装置为基础，经优化设计将一、二级厌氧发酵池与人工湿地床组合为一个整体处理装置。

靖江市的斜桥镇,为斜桥镇开发区复建房住宅区二期工程,25户,建造一处以S03-2004《生活污水净化沼气池》标准图集为基础的加组合人工湿地床的厌氧发酵—人工湿地生活污水净化处理装置,处理25户的生活污水,在已建好的生活污水沼气净化池中,将后处理区生物滤池盖板去除,在生物滤池内栽种湿地植物,改造成人工湿地床。

44. 怎样选择排水管管材?

生活排水管道管材的选择,应综合考虑建筑物的使用性质、建筑高度,抗震要求,防火要求及农村当地的管材供应条件,因地制宜选用。建筑物内排水管道应采用建筑排水塑料管及管件或柔性接口机制排水铸铁管及相应管件。柔性接口排水铸铁管直管及管件为灰口铸铁。直管应离心浇注成型,不得采用砂型立模或横膜浇注工艺生产。管件应为机压砂型浇注成型。当采用硬聚氯乙烯螺旋管时,排水立管用挤压成型的硬聚氯乙烯管,排水横管应采用挤出成型的硬聚氯乙烯管,连接管及配件应采用注塑成型的硬聚氯乙烯管件。

对于寒冷地区(0℃以下),或连续排水温度大于40℃或瞬时排水温度大于80℃的排水管,应采用金属排水管。而对于防火等级要求高的建筑物,不宜采用塑料排水管材。

建筑室外排水管道(分为管道和管渠)管材可选择的较多。对材料的要求就是必须有足够的强度,抗腐蚀性,不透水。根据它们的粗糙系数大小可分为:UPVC管、PE管、玻璃钢管、石棉水泥管、钢管、陶土管、铸铁管、混凝土管、钢筋混凝土管、水泥砂浆抹面渠道、浆砌砖渠道、浆砌块石渠道、干砌块石渠道、土明沟(包括带草皮)等。在具体选择时应考虑污水性质,并注意各种管道的连接方式。

45. 农村生活垃圾如何收集、运输和处理?

农户生活中所产生的固体废弃物称为生活垃圾。其特性日渐城市化，除了蔬菜根叶等有机物外，塑料、玻璃、金属、灯管、电池、纸张、木器等废品较多。因此农村生活垃圾在气温稍高季节易发生有机物腐烂、渗沥水漫流、发出恶臭、蚊蝇孳生，还会有毒、有害物质渗透，污染环境，危害人们身体健康。所以必须及时清运处理。

村庄应设专人清扫、收集垃圾，运送至乡镇中转站，再运送至县(市)集中处理站处理。为了方便居住户清倒垃圾，每70m服务半径内设置一只垃圾箱(筒)或一个垃圾房，并配有可开启的倒垃圾口板，防蝇防鼠。

国家积极提倡生活垃圾减量化、分类收集和资源化。各住户应尽量减少垃圾量，节省清运和处理费；大力宣传推动垃圾分类收集，有利于综合利用，实现资源化，化害为利。

要鼓励住户将有机垃圾分放用作农肥或用作沼气原料；或以村庄为单位，建立田头堆肥坑或沼气池，将分类收集或集中分拣出的有机垃圾送至堆肥坑，分层覆土浇适量水，待腐熟后挖出作农肥或送入沼气池产生沼气供户用，沼渣作农肥，生产绿色植物，将可利用垃圾(塑料、玻璃、纸、木材)出售给有关部门，进行综合利用；将碎砖等无机垃圾用作道路基和墙基材料，或者填坑洼地。

46. 农村建筑供电电压为多少？电能质量有何要求？

高压供电：10kV。

低压供电：单相220V，三相380V。

每户用电容量在16kW及以上采取三相四线制供电，小于16kW可采取单相供电。

正常情况下，用电设备受电端的电压允许偏差值为：一般电动机±5%；一般照明±5%；道路照明+5%，-10%。

对于三相四线制供电回路应尽量做到三相负荷平衡。

47. 何为安全低电压？

不使人致死或致残的安全电压极限电压值称为安全低电压。

此电压值正常环境为交流 50V，直流 120V；潮湿环境为 24V；特别潮湿环境（如淋浴室）为 12V。国内常用的安全电压有 48V、36V、24V、12V、6V 等。

48. 低压配电线路应设哪些保护装置？

低压配电线路应设短路保护、过负荷保护、接地故障保护装置。

短路保护是当线路或设备发生短路故障时，避免线路、设备损坏或故障范围扩大而设置的保护装置。

过负荷保护是为了防止线路发生过负荷而设置的保护装置。

接地故障保护是为了防止人身间接触电伤害和电气火灾危险而设置的保护装置。

49. 常用的低压保护电器有哪些？

常用的低压保护电器有熔断器（俗称保险丝）、断路器（俗称自动空气开关）、漏电断路器等。

50. 哪些设备的配电线路要设漏电电流动作保护？

（1）手握或移动式用电设备；

（2）环境特别恶劣或潮湿场所用电设备（如浴室、厨房等）；

（3）住宅建筑每户的进线开关或插座专用回路；

（4）与人体直接接触的医疗电气设备。

51. 漏电电流保护装置的动作电流如何选择？

（1）手持式电动工具、移动电器和家用电器设备 30mA。

（2）安装在潮湿场所用电设备 15～30mA，特别潮湿场所用电设备 10mA。

（3）医疗电气设备 10mA。

（4）防止电气火灾 300mA，500mA。

52. 常用的低压电线电缆有哪些？

BV 型聚氯乙烯绝缘铜芯电线；
BVV 型聚氯乙烯绝缘护套铜芯电线；
RV 型聚氯乙烯绝缘铜芯软电线；
VV 型聚氯乙烯绝缘铜芯电缆；
VV22 型铠装聚氯乙烯绝缘铜芯电缆；
YJV 型交联聚乙烯绝缘铜芯电缆；
YJV22 型铠装交联聚乙烯绝缘铜芯电缆。

53. 低压配电线路敷设有哪些要求？

(1) 低压配电线路应采用绝缘导线，同管、同槽敷设线路时，导线应有最高标称电压，相同的绝缘等级。低压电缆的绝缘等级为 0.6/1kV，导线的绝缘等级为 0.45/0.75kV。

(2) 同一回路的所有相线及中性线应穿入同一管内，不同回路不应同管敷设。

(3) 明敷或暗敷在干燥场所的金属管管壁厚度不宜小于 1.5mm（电线管），明敷或暗敷在潮湿场所的管路应采用焊接钢管。

(4) 农村普通居住建筑物内的配电线路敷设可采用 BV 型聚氯乙烯绝缘铜芯线穿阻燃型 PVC 硬塑料管暗敷设在楼板内、墙内。穿管管径选择如下：

BV-1.5　2～4 根穿 PVC16；5～7 根穿 PVC20。

BV-2.5　2～3 根穿 PVC16；4～5 根穿 PVC20；6～7 根穿 PVC25。

BV-4　2 根穿 PVC16；3～4 根穿 PVC20；5～6 根穿 PVC25。

(5) 严禁护套线直埋敷设、强弱电共管敷设。

54. 常用的照明光源有哪些？

农村普通居住建筑一般场所的光源应尽量选择细管荧光灯、

紧凑型高效节能荧光灯，因为其发光效率高，具有明显的节能效果。

常用照明光源及其技术参数见表54。

常用照明光源及其技术参数 表54

序号	光源种类		功率范围(W)	发光效率(lm/W)	色温(K)	显色指数(Ra)	平均寿命(h)	启动时间(min)	再启动时间(min)
1	白炽灯		15~1000	7.3~18.6	2400~2950	95~99	1000	快速	快速
2	卤钨灯		300~2000	16.7~21	2800±50	95~99	600~1500	快速	快速
3	荧光灯	粗管	6~100	26.7~57.1	2900~6500	70~80	1500~5000	1~4s	1~4s
		细管	(18~36)	(58.3~83.3)	(4100~6200)		(8000)	10s或快速	10s或快速
4	紧凑型高效节能荧光灯		5~40	35~81.8	2700~6400	80	1000~5000	10s	10s
5	普通高压钠灯		35~1000	64.3~140	1900~2100	23~40	12000~24000	5s或4~8	3s或10~15

55. 保护开关如何与室内照明配线配合？

一般情况下，保护开关与室内照明配线配合关系如表55所示。

保护开关与室内照明配线配合关系表 表55

保护开关整电值(A)	照明配线截面(mm^2)
10	1.5
16	2.5
20	4

56. 如何设置防雷装置？

防雷装置由接闪器（避雷针、避雷带、避雷网）、引下线、接地装置组成。

避雷带沿屋角、屋脊、屋檐和檐角易受雷击部分敷设，并应在屋面组成不大于 20m×20m 或 24m×16m 的网格。避雷带可采用直径不小于 8mm 的热镀锌圆钢或截面不小于 48mm^2 的热镀锌扁钢。

引下线宜采用直径不小于 8mm 的镀锌圆钢或截面不小于 48mm^2 的镀锌扁钢。引下线沿建筑物外围敷设，间距不大于 25m。亦可利用建筑物构造柱内两根 ϕ16 以上的主钢筋或四根 ϕ10 主钢筋作引下线。

接地装置可采用人工接地极或利用建筑物钢筋混凝土基础内的主钢筋。

人工接地极常采用 50×5 镀锌角钢或壁厚不小于 3.5mm 的镀锌钢管。长度 2.5m，顶端埋深 0.8m。

57. 农村通信和有线电视线路如何敷设？有线电视终端插座及电话终端出线口的数量如何确定？

室外通信和有线电视线路可采用直埋地电缆方式、电缆管道、综合管沟内的托架及架空电缆等敷设方式。室内可采用明、暗两种配线方式。

一般住户，每户设置一个有线电视终端插座及一个电话终端出线口。高级住宅，每户设置两个有线电视终端插座及两个电话终端出线口。

三、住宅设计

58. 为什么农村建房也要设计？

(1) 国家政策规定。

《江苏省村镇规划建设管理条例》第十八条规定"村镇的各种建筑(单层个人住宅除外)和各类基础设施等建设工程，必须由取得相应的设计资格证书的单位或者个人进行设计。严禁无证设计和无设计施工。"

(2) 保证建筑必须的安全性、合理性、经济性和舒适性要求。

建筑是我们生活、工作、休息的空间。特别是住宅，我们一天的大部分时间要在里面度过，因此住宅必须有方便、舒适的生活空间，安全合理的建筑结构，以及必备的水电设施来满足人们日常生活的需要，而这些问题须由专业技术人员来解决。

通过建筑师的设计，可使住宅有一个合理的平面、空间布置和美观的外立面，同时达到国家规定的住宅通风、采光和日照等各方面要求。

通过结构工程师对建筑结构合理的布置和精确的受力分析，设计出既能满足结构安全同时又经济适用的建筑。

通过给排水工程师和电气工程师的设计和计算，能给住宅合理配备必要的各类生活设施，以满足人们日益提高的生活需求。

总之，通过设计师的综合设计，可以合理选择和使用建筑材料及设备，节省资金。

由于各户对建筑的使用要求各有不同，加上所处地区的地质条件千差万别，因此每一幢房子都有它的特殊性，农村建房不应盲目照抄、照搬，应请专业人员勘察设计后再施工建房。

建筑设计可参照省、市公布的优秀民居方案图集。

59. 农村建房有哪些原则？

（1）遵循节能、节地、节水、节材的原则，建设节能省地型住宅。

（2）遵循适用、经济、安全、美观的原则。

（3）住宅建设应根据主导产业方式的不同选择相应的建筑类型。以第一产业为主的村庄以低层独院式联排住宅为主；以第二、三产业为主的村庄积极引导建设多层公寓式住宅；限制建设独立式住宅。

（4）住宅平面设计应尊重村民的生产方式和生活习惯，满足村民的生产生活需要，同时注重加强引导卫生、科学、舒适的生活方式。

（5）住宅建筑风格应适合农村特点，体现地方特色，并与周边环境相协调。保护具有历史文化价值和传统风貌的建筑。

60. 农村住宅建设有哪些要求？

（1）宅基地标准：人均耕地不足 1 亩的村庄，每户宅基地不超过 $133m^2$；人均耕地大于 1 亩的村庄，每户宅基地面积不超过 $200m^2$。具体按县（市、区）人民政府规定的标准执行。

（2）单户住宅建筑面积：三人居以下：不超过 $150m^2$，四人居：不超过 $200m^2$，五人居以上：不超过 $250m^2$。

单户住宅建筑面积具体按当地人民政府规定的标准执行，但不应突破上述规定的上限面积。

（3）住宅建筑基底面积不应大于宅基地面积的 70%。

（4）住宅日照间距标准由当地城市规划行政主管部门制订。

61. 农村住宅设计有哪些基本原则？

（1）住宅平面设计原则：分区明确，实现寝居分离、食寝分离和净污分离；应保证不少于两间卧室朝南；厨房及卫生间应有直接采光、自然通风；平面形式多样。

（2）住宅风貌设计原则：吸取优秀传统做法，并进行创新和优化，创造简洁、大方的建筑形象；住宅应以坡屋顶为主，充分运用地方材料，结合辅助用房及院墙形成错落有致的建筑整体。

（3）住宅庭院设计原则：灵活选择庭院形式，丰富院墙设计，创造自然、适宜的院落空间。

（4）住宅辅房设计原则：根据村民的生产方式不同，配置相应的附属用房（如农机具和农作物储藏间、加工间、家禽饲养、店面等）。辅房应与主房适当分离，可结合庭院灵活布置，在满足健康生活的前提下，方便生产。

62. 农村住宅设计有哪些技术性要求？

（1）合理加大进深，减小面宽，节约用地。

（2）加强屋面、墙体保温节能措施，有效利用朝向及合理安排窗墙比，推广应用节水型设备、节能型灯具。

（3）积极利用太阳能及其他可再生能源和清洁能源。能源利用的相关设施应结合住宅设计统一考虑。

63. 农村建房应该满足哪些具体设计要求？

为了保证居住质量，符合基本生活要求和达到基本卫生标准，农村建房应满足下列设计要求：

（1）生活居住部分与生产的副业棚舍应有明确的功能分区，且保持一定距离。

（2）宜选择南向和接近南北向，通过合理的建筑间距来保证住宅获得有效日照。

（3）住宅卧室、起居室、厨房等应有直接采光、自然通风，通风和采光必须满足下列要求：

① 卧室、起居室、明卫生间的通风开口面积不应小于该房间地面面积的1/20；

② 厨房的通风开口面积不应小于房间地面面积的 1/10，并不得少于 0.6m²；

③ 卧室、起居室、厨房的采光窗与地面面积比不应小于 1/7（离地面高度低于 0.5m 的窗面积不计入采光面积内）。

(4) 住宅卧室最小面积应大于 6m²；厨房最小面积应大于 5m²；卫生间最小面积应大于 4m²；起居室(厅)最小建筑面积应大于 12m²。

(5) 阳台、屋顶平台的栏杆净高不应低于 1.05m；外窗窗台低于 0.9m 时，应有防护设施；阳台、屋顶平台、楼梯栏杆垂直杆件间净距不大于 0.11m。

(6) 户内自用楼梯的净宽，当一边临空时，不应小于 0.75m；当两侧有墙时，不应小于 0.90m。楼梯的踏步宽度不应小于 0.22m；高度不应大于 0.20m。

室外楼梯和室内公共楼梯踏步宽不应小于 0.26m，踏步高不应大于 0.175m。

64. 农村建房的建筑高度有没有要求？

我们通常所说的建筑总高度，一般是指从室外地面到屋檐檐口或女儿墙顶的垂直高度尺寸。建筑层高是指上下两层楼面或楼面与地面之间的垂直距离。

农村个人建房一般采用砖砌体结构，根据结构设计规范规定每层的高度不应大于 3.3m；同时作为住宅，建筑设计标准也规定层高不应低于 2.8m。

层高过高，虽然通风好，但不节能，也浪费材料；层高过低，有压抑感，人会感觉不适。因此，农村个人建房的适宜层高高度在 2.8~3.3m。

65. 农村建房一般采用哪些屋顶形式？各有什么优缺点？

农村建房一般采用的屋顶形式有：平屋顶、坡屋顶、平坡结合屋顶。

（1）平屋顶。

屋顶坡度小于1∶10者称为平屋顶。平屋顶的支承结构常采用钢筋混凝土梁板。由于梁板布置较灵活，构造较简单，能适应各种形状和不同大小的平面，因此建筑物平面形状比较复杂时，采用平屋顶可使屋顶构造简单，建筑外观简洁。平屋顶由于坡度小，屋面可利用作为各种活动场地。对农村住宅而言，平屋顶可以作为很好的晾晒场所。但平屋顶由于屋面坡度小，排水慢，屋面积水机会多，易产生渗漏现象。故对屋面排水与防水问题的处理较坡屋顶更为重要。

（2）坡屋顶。

坡屋顶的屋顶坡度较大，雨水容易排除，屋面施工简便，易于维修，而且屋顶形式变化较多，加上瓦材色彩可多种选择，能使建筑立面更加美观。

采用坡屋顶的建筑，一般要求平面简单，因平面形状复杂会使屋面产生许多斜天沟而容易导致漏水。而且斜天沟部分冬季易积雪，会增加屋顶附加荷载而加大支承构件尺寸，这是不经济的。

（3）平坡结合屋顶。

采用平坡结合屋顶的建筑，可以利用这两种不同屋面的长处，使建筑外形丰富美观，同时又使建筑构造简单，便于施工。

66. 农村住房如何选择朝向？

一般建筑的朝向宜采用南北或接近南北，主要房间避免夏季受东、西向日晒。朝向选择的原则是冬季能获得足够的日照，主要房间宜避开冬季主导风向，同时必须考虑夏季防止太阳辐射与暴风雨的袭击。但有时想达到既夏季防热冬季又保温的理想朝向有困难时，只能权衡考虑，宜选择本地区建筑的最佳朝向或较好的朝向。

67. 哪些植物和花卉不能放在房间？

并不是所有的植物和花卉都能放在室内，下面列举一些不宜摆放的植物，提醒农村朋友注意：

（1）兰花：它的香气会令人过度兴奋而引起失眠。

（2）紫荆花：它所散发出来的花粉如与人接触过久，会诱发哮喘症或使咳嗽症状加重。

（3）含羞草：它体内的含羞草碱是一种毒性很强的有机物，人体过多接触后会使毛发脱落。

（4）月季花：它所散发的浓郁香味，会使一些人产生胸闷不适、憋气与呼吸困难。

（5）百合花：它的香味也会使人的中枢神经过度兴奋而引起失眠。

（6）夜来香（包括丁香类）：它在晚上会散发出大量刺激嗅觉的微粒，闻之过久，会使高血压和心脏病患者感到头晕目眩、郁闷不适，甚至病情加重。

（7）夹竹桃：它可以分泌出一种乳白色液体，接触时间一长，会使人中毒，引起昏昏欲睡、智力下降等症状。

（8）松柏（包括玉丁香、接骨木等）：松柏类花木的芳香气味对人体的肠胃有刺激作用，不仅影响食欲，而且会使孕妇感到心烦意乱，恶心呕吐，头晕目眩。

（9）洋绣球花（包括五色梅、天竺葵等）：它所散发的微粒，如与人接触，会使人的皮肤过敏而引发瘙痒症。

（10）郁金香：它的花朵含有一种毒碱，接触过久，会加快毛发脱落。

（11）黄花杜鹃：它的花朵含有一种毒素，一旦误食，会引起中毒。

68. 如何计算建筑面积？

建筑面积，是指按建筑物外墙外围线测定的各层平面面积之和。在住宅建筑中，计算建筑面积的范围和方法是：

(1) 单层建筑物不论其高度如何，均按一层计算，建筑面积按建筑物外墙勒脚以上的外围水平面积计算。单层住宅如内部带有部分楼层(如阁楼)也应计算建筑面积。

(2) 多层住宅建筑的建筑面积，是按各层建筑面积的总和计算，其底层按建筑物外墙勒脚以上外围水平面积计算，二层或二层以上按外墙外围水平面积计算。

(3) 独立柱雨篷，按顶盖的水平投影面积的一半计算建筑面积；多柱雨篷，按外围水平面积计算建筑面积。

(4) 封闭式阳台、挑廊按其外围水平投影面积计算建筑面积。凹阳台按其阳台净面积(包括阳台栏板)的一半计算面积。挑阳台按其水平投影面积的一半计算面积。

(5) 住宅建筑内无楼梯，室外楼梯按每层水平投影面积计算建筑面积；楼内有楼梯，再设室外楼梯的，其室外楼梯按每层水平投影面积的一半计算建筑面积。

四、结构设计

69. 农村建筑结构形式一般有哪几种？

农村建筑一般采用以下几种结构形式：砌体结构、混凝土框架结构、复合木结构、轻钢结构等。采用何种建筑结构形式取决于建筑功能的要求。对农村建筑其基本原则是：安全实用、经济合理、施工方便。

对于住宅建筑，一般建筑功能单一，房间较多，内隔墙较多，层高不大，一般 3m 左右，可采用砌体结构。对于建筑功能复杂，需要大空间的建筑（如底层商店、农机仓库，上为住宅等），可采用混凝土框架结构。木结构在传统建筑中用的较广泛，由于木材资源的限制，一般在木材产区或建筑中部分构件采用（木檩条、木屋架等等），现在提倡复合木结构，将速生意杨通过深加工形成建筑构件。复合木结构有可能成为今后农村建房的一个方向。虽然钢结构建筑结构轻盈，适应性好，工厂化程度高，施工机械化程度高，国家正在大力推广，但造价仍偏高。

70. 农村建筑地基有哪些要求？

地基是用来承受建筑传下来的荷载的土层。因此地基土层必须满足以下要求：一定的承载力、一定的抗变形能力（沉降）和一定的稳定性（防滑坡）。

农村建筑一般层数较少（3 层以下），荷载相对较小，一般老黏土、粉土、砂土、碎石、基岩等为良好的地基持力层。可以采用这些土层作天然地基，直接在其上建造。但下列软土地基未经处理不宜建房：新近人工填土、杂填土、含有机质的淤泥、淤泥质土以及承载能力低于 5t/m² 的软土。这些软土必须经过地基处理、加固达到要求后方可建设。

对于处于高边坡上下的建筑，应充分考虑边坡的稳定，应避开不稳定的边坡，或对边坡进行处理。

71. 农村建筑地基处理一般有哪几种形式？

地基处理方法很多，对农村地基处理通常采用以下几种处理加固方法：

（1）夯实法。利用重锤（人力夯）、碾压（压路机）或振动法激振地基土层压实。此方法简单有效，是农村常用地基加固手段。

（2）换土垫层法。采用砂、碎石、矿渣、灰土、含水率合适的黏土换取浅层软土。当软土层厚度较大，不能完全置换时，换土深度应由专业技术人员确定。

（3）采用小断面预制方桩、木桩。当软土层较厚，换土法无法解决问题时，将小断面预制方桩、木桩打入深部较好土层中，将建筑荷载直接传至深部好土层。

以上地基处理方法施工机具要求简单，甚至通过人工就可以完成。但地基处理增加了建筑造价。当地基处理费用较多时，应考虑易址建设。

72. 地基处理中遇到橡皮土如何处理？

橡皮土指黏性土层当含水率过大，饱和度达到 0.8 以上时出现的类似软橡皮的软弹现象。此土层直接夯击，很难达到密实要求。此时必须将土层翻晒，也可以掺入生石灰、粉煤灰等材料来降低土层含水率。或采用碎石、卵石压入土层中，将土层挤实。

73. 地基处理中遇到周围已有建筑地基如何处理？

如新建建筑地基深度不超过周围已有建筑基础深度时，一般不须作处理。如新建建筑地基深度超过周围已有建筑基础深度时，应考虑原有建筑基础的稳定性。具体施工时应满足下列条件：$L=1.5\sim2.0h$。其中 L 为新建建筑基础与已有建筑基础边缘的最小距离；h 为新建建筑基础与已有建筑基础底板高差。

74. 砌体结构的基础形式有哪些？应有什么要求？

砌体结构的基础形式一般为墙下条基和钢筋混凝土筏板基础。条基又分为刚性基础和柔性基础。

刚性基础为毛石混凝土或素混凝土基础，不放钢筋，造价较低。但这类基础对宽高比要求较严，若宽高比达不到要求，基础会破坏。刚性基础的构造要求见图74-1。

柔性基础为钢筋混凝土基础，这种基础翼板厚度不小于250mm，较刚性基础轻巧，埋深不受宽度限制，但有一定的用钢量，柔性基础的构造要求见图74-2。

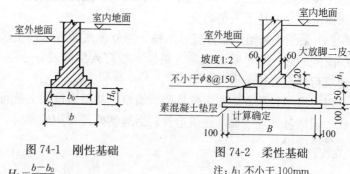

图 74-1 刚性基础

注：$H_0=\dfrac{b-b_0}{2\tan\alpha}$

$\tan\alpha$ 为基础台阶宽高比，其允许值见《建筑地基基础设计规范》

图 74-2 柔性基础

注：h_1 不小于100mm

农村建房一般基础荷载不大，选择刚性基础较为经济。基础埋深不宜小于0.5m。当地基承载力较低或房屋较重，条基不能满足地基承载力的要求时可采用钢筋混凝土筏板基础。筏板的厚度、配筋由设计人员经过计算确定。

75. 如何确定基础埋深？

影响基础埋深的因素主要有以下几点：

（1）地基土层的深度分布。基础宜置于好土层中。对于同一土层，当土质好时宜浅埋，反之，基础埋深宜加大。

(2) 地下水位。基础最好置于地下水位以上。

(3) 冻结深度。基础埋深应大于土层冬天的冻结深度。

(4) 设备管线。进出建筑的给排水管深度应小于基础深度，并需考虑设备管线施工空间。

农村建筑基础埋深一般不宜小于0.5m。江苏地区建议埋深1.0~1.5m左右较适宜。

76. 为什么要考虑建筑物的防潮？

在农村房屋的墙面常出现白色的结晶体，俗称为"起碱"，这就是地潮现象。对砖墙来说，影响最大的是地潮。地潮来自土壤中的毛细孔水和上层滞水，地潮沿建筑物的基础、墙基因材料的毛细作用而上升。地潮在侵蚀墙基后，扩散到底层墙体及抹灰，导致室内墙面抹灰粉化，使墙面生霉，细菌孳生，影响人体健康，也影响墙面美观，严重时会影响建筑物的使用寿命。为此，在建房时，一定要考虑墙身的防潮处理问题。

通常是在墙身勒脚部位设置水平防潮层和垂直防潮层。

77. 墙身如何设置墙身防潮层？

(1) 水平防潮层的设置见图77-1。

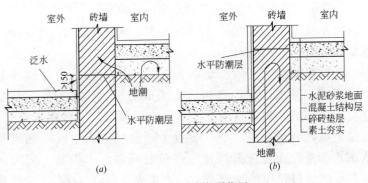

图77-1 水平防潮层位置
(a)水平防潮层(1)；(b)水平防潮层(2)

(2) 垂直防潮层的设置见图 77-2。

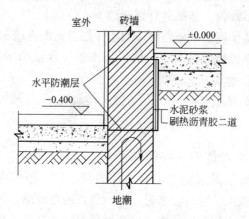

图 77-2 垂直防潮处理

当砖墙两侧出现地坪差时（如底层楼梯间平台下有入口时，两侧墙体便出现地坪高差）或当室外地面高于室内地坪时（如地下室的情况），则必须在高地坪一侧的垂直墙面上设垂直防潮层。做法是在墙面上粉 15mm 厚水泥砂浆，然后涂刷热沥青胶二道，或抹 20mm 厚防水砂浆，直至水平防潮层。

78. 地面出现返潮的原因是什么？应怎样解决？

在我国南方湿热地区，春夏之交的黄梅季节，常在建筑的围护结构表面，特别是地面，如水泥地面、水磨石地面，产生结露现象，俗称返潮或泛潮。

这种现象不少人错误地认为是由于地下潮气通过地坪上升引起的，甚至还在地面构造上采取防潮、防水措施。其实这是不正确的。出现返潮主要有两方面原因，一是春末夏初，气温升高，春雨绵绵、空气湿度大，致使室内空气达到饱和状态；二是地面温度升高慢，在短时间内尚未提高。当潮湿饱和空气流过低温的地面上时，产生表面凝结。这种现象俗称返潮。

地面返潮现象给人们生活和工作带来不便，使人感到烦恼，且影响人体健康。

为了减少或防止地面结露，设计时可根据各地不同情况，采取以下防范措施：

做保温地坪——多用于地下水位低，地基土壤干燥的地区，使地面温差不致过大。

做架空地坪——对底层地坪采用预制板铺地，并在勒脚部位设通风孔，以利干燥。

79. 砌体结构有哪些优点和缺点？

砌体结构有以下优点：

（1）砌体由块材和砂浆砌筑而成，建筑取材容易，成本低廉，对施工机械要求不高，砌体结构的水泥、钢材及模板的用量较混凝土框架结构要少。

（2）砌体具有承重和围护双重功能，砌体除承重外，其保温、隔热、隔声性能都很好，节约能源，使人感到舒适，因而砌体结构特别适合用于建造民居建筑。

（3）砌体结构有良好的耐久性和耐火性。在设计使用年限内，维护费用低。砌体一般可耐受 400~500℃ 的高温，其耐火性能满足国家有关规范的要求。

砌体结构有以下缺点：

（1）砌体结构抗压强度较混凝土要低，因而结构构件尺寸较大，构件自重较大。

（2）砌体中块体和砂浆之间粘结强度较低，结构抗震性能较混凝土框架结构要差。

（3）砌体施工劳动强度大，运输、砌筑时损耗较大。

（4）砖砌体须大量黏土，要占用大量农田，更要耗费大量的能源。为了社会可持续发展，应广泛使用非黏土砖砌体。江苏省已全面限制使用黏土砖。

80. 砌体结构强度受哪些因素影响？

影响砌体结构抗压强度的主要因素主要有三个：

（1）砌块的强度等级。砌块强度等级高时，其砌体抗压强度也相应高。一般砖砌体承重结构，砖的强度等级应达到 MU10。

（2）砂浆的强度及其流动性和保水性。砌体强度随砂浆强度等级提高而提高，砂浆的流动性和保水性好，容易保证砌体砌筑质量，使灰缝厚度均匀、密实。砌体强度也会相应提高。纯水泥砂浆流动性和保水性差，因而砌体结构砂浆一般采用混合砂浆。仅在地下水位下才使用纯水泥砂浆。承重砌体砂浆等级不应小于 M5。

（3）砌体砌筑质量。砌体砌筑质量的优劣主要表现在水平灰缝的饱满度、密实性、均匀性和合适的灰缝厚度，以及正确的组砌方法。砌筑质量好的砌体有利于提供较高的砌体强度。

81. 砌体结构中墙体的作用有哪些？为什么要重视墙体设计？

砌体结构中墙体不仅仅是隔热保温、防风遮雨的围护构件，而且更重要的墙体是建筑的主要结构构件。墙体是主要竖向受力构件，建筑的楼板、屋顶、墙体自重，以及我们日常生活所需的家具、设施和人体重量都要通过墙体传至基础。墙体是主要的侧向受力构件，地震作用、风荷载等横向作用力都要通过墙体传至基础。所以墙体布置会直接影响建筑的安全。

82. 什么是墙的高厚比？墙体高厚比的限值为多少？

砌体结构中墙为竖向受力构件，也存在长细比的问题。墙的计算高度 H_0 与墙体厚度 h 的比值称为墙的高厚比，用 β 表示，即 $\beta=H_0/h$，对于一般住宅建筑，H_0 指楼层层高。

我们控制墙的高厚比在允许范围内，就能够保证墙体有足够的稳定性与刚度，避免墙体在施工阶段和使用阶段因偶然因素造成的失稳破坏。

墙的允许高厚比不应超过表 82 中限值。

墙、柱的允许高厚比 [β] 值　　　　　表 82

砂浆强度等级	墙	柱
M2.5	22	15
M5.0	24	16
≥M7.5	26	17

注：1. 毛石墙、柱允许高厚比应按表中数值降低 20%；
　　2. 组合砖砌体构件的允许高厚比，可按表中数值提高 20%，但不得大于 28；
　　3. 验算施工阶段砂浆尚未硬化的新砌砌体高厚比时，允许高厚比对墙取 14，对柱取 11。

83. 砌体结构中墙体布置的原则是什么？

抗震设防区的砌体结构建筑，应优先采用横墙承重或纵横墙共同承重的结构体系。纵横墙的布置宜均匀对称，沿平面内宜对齐，沿竖向应上下连续；同一轴线上的窗间墙宽度宜均匀，以便于地震作用分配与传递。楼梯间墙体由于缺少楼层板的支撑，往往是整个建筑的薄弱部位，因此楼梯间不宜设置在建筑的尽端和转角处。

84. 农村建房设计中如何考虑防火？

火是生命之源，但是人们如果对火使用不当、管理不善、防范不严的话，火也会给人类带来灾难，它不仅殃及财产，而且还威胁到人的生命，火灾是所有灾害中经常发生、范围最大、危害最大的一种自然灾害。

建筑物设计不当造成的火灾是多方面的：如建筑物中采用可燃物过多，电器设备、线路安装不符合要求，造成电器超负荷、电线短路，以及自然现象引发的次生灾害，如地震、雷击等。因此，建房必须考虑防火问题。

对于不同类型、性质的建筑物有不同的防火设计要求，其作用：

(1) 在建筑物发生火灾时，确保其能在一定时间内不破坏，延缓和阻止火势的蔓延。

(2) 为人们安全疏散提供必要的疏散时间。

(3) 为消防人员扑救火灾创造有利条件。

(4) 为建筑物火灾后重新修复提供有利条件。

一般防火设计要选用耐火等级高的建筑材料作为结构的承重部件；在基础上或钢筋混凝土框架上直接砌筑用以阻断可燃或难燃屋顶结构的不燃实体墙，即防火墙；设置建筑防火分区，指在建筑物内部采取设置防火墙、楼板及其他防火分隔物，用以控制和防止火灾向其邻近区域蔓延的封闭空间；装修材料应选用不易燃烧或燃烧后有害气体少的材料。重要部位可采用防火涂料进行处理。

85. 农村建房为何要考虑到抗震？

地震是一种自然现象，是一种严重的自然灾害。

江苏省是我国东部地区中强地震活动较高的省份。上个世纪70年代以来，江苏陆地已发生5级以上破坏性地震4次之多，给广大人民群众造成了巨大的经济损失。到目前为止，对地震仍无法准确预报，只能做好预防。

目前预防重点是在建筑设计中，对需要进行抗震设防的地区，根据工程实际情况进行抗震设计，采取必要的抗震措施和抗震构造措施。

建筑经抗震设防后，可减轻建筑的地震破坏，避免人员伤亡，减少经济损失。对抗震设防烈度为6度及以上地区的建筑，必须进行抗震设计。当遭受低于本地区抗震设防烈度的多遇地震影响时，一般不受损坏或不需修理可继续使用，当遭受相当于本地区抗震设防烈度的地震影响时，可能损坏，经一般修理或不需修理仍可继续使用，当遭受高于本地区抗震设防烈度预估的罕遇地震影响时，不致倒塌或发生危及生命的严重破坏。

农村住宅的砖混结构可采用构造柱、圈梁等构造措施,当然采用现浇框架结构就更理想。

86. 有抗震设防要求的地区农村建房有哪些规定?

有抗震设防要求的地区,农村建房应力求房屋的平面、立面规整、简单。历次震害表明,平、立面简单、对称的建筑,在地震时较不易破坏,同时简单、对称的结构容易估算其地震反应,容易采取构造措施和进行细部处理;当房屋平面复杂时,可通过设置防震缝将复杂的平面分为几块规整、简单的平面。

抗震地区的房屋高度和层数,房屋最大高宽比,房屋抗震横墙最大间距,房屋的局部尺寸限值,国家规范均有明确的规定,详见表86-1、表86-2、表86-3、表86-4。

房屋的层数和高度限值(m)   表86-1

房屋类别		最小墙厚度(mm)	烈度							
			6		7		8		9	
			高度	层数	高度	层数	高度	层数	高度	层数
多层砌体	普通砖	240	24	8	21	7	18	6	12	4
	多孔砖	240	21	7	21	7	18	6	12	4
	多孔砖	190	21	7	18	6	15	5	—	—
	小砌块	190	21	7	21	7	18	6	—	—
底部框架-抗震墙多排柱内框架		240	22	7	22	7	19	6	—	—
		240	16	5	16	5	13	4	—	—

注:1. 房屋的总高度指室外地面到主要屋面板板顶或檐口的高度,半地下室从地下室室内地面算起,全地下室和嵌固条件好的半地下室应允许从室外地面算起;对带阁楼的坡屋面应算到山墙的1/2高度处;

2. 室内外高差大于0.6m时,房屋总高度应允许比表中数据适当增加,但不应多于1m;

3. 本表小砌块砌体房屋不包括配筋混凝土小型空心砌块砌体房屋。

房屋最大高宽比　　　　表 86-2

烈　　度	6	7	8	9
最大高宽比	2.5	2.5	2.0	1.5

注：1. 单面走廊房屋的总宽度不包括走廊宽度；

　　2. 建筑平面接近正方形时，其高宽比宜适当减小。

房屋抗震横墙最大间距(m)　　表 86-3

房屋类别		烈度			
		6	7	8	9
多层砌体	现浇或装配整体式钢筋混凝土楼、屋盖	18	18	15	11
	装配式钢筋混凝土楼、屋盖	15	15	11	7
	木楼、屋盖	11	11	7	4
底部框架-抗震墙	上部各层	同多层砌体房屋			—
	底层或底部两层	21	18	15	—
多排柱内框架		25	21	18	

注：1. 多层砌体房屋的顶层，最大横墙间距应允许适当放宽；

　　2. 表中木楼、屋盖的规定，不适用于小砌块砌体房屋。

房屋的局部尺寸限值(m)　　表 86-4

部　位	烈　度			
	6度	7度	8度	9度
承重窗间墙最小宽度	1.0	1.0	1.2	1.5
承重外墙尽端至门窗洞边的最小距离	1.0	1.0	1.2	1.5
非承重外墙尽端至门窗洞边的最小距离	1.0	1.0	1.0	1.0
内墙阳角至门窗洞边的最小距离	1.0	1.0	1.5	2.0
无锚固女儿墙(非出入口处)的最大高度	0.5	0.5	0.5	0.0

注：1. 局部尺寸不足时应采取局部加强措施弥补；

　　2. 出入口处的女儿墙应有锚固；

　　3. 多层多排柱内框架房屋的纵向窗间墙宽度，不应小于 1.5m。

国家规范对地震区的房屋还有其他很多要求,建房前应先了解房屋所在地的抗震设防烈度,再请专业技术人员对所建房屋的结构构件按相应的抗震设防烈度进行抗震验算并进行抗震构造设计。

87. 砌体建筑有哪些抗震构造措施?

抗震地区的砌体建筑除了要控制建筑的高度、高宽比、局部尺寸外,还必须采取有效的抗震构造措施。最常见的抗震构造措施有圈梁及构造柱。圈梁及构造柱形成内骨架有效地约束砌体的变形,增加砌体的刚度。在地震作用下,有效限制砌体裂缝的开展、贯通,因而防止建筑的垮塌。这在历次地震中表现得十分明显。

88. 什么是钢筋混凝土圈梁?如何设置钢筋混凝土圈梁?

(1) 钢筋混凝土圈梁就是在屋盖、楼盖下方或基础顶面标高处沿承重墙体布置的一道钢筋混凝土梁,圈梁大样图见图88。

(2) 钢筋混凝土圈梁可以增强房屋的整体性,由于圈梁的约束,预制板散开以及墙体出平面倒塌的危险性大大减少,圈梁由于布置在楼盖的边缘,提高了楼盖的水平刚度,使局部地震作用能够分布给较多的墙体来分担,减轻了大房间纵、横墙平面外破坏的危险性;圈梁还能限制墙体斜裂缝的

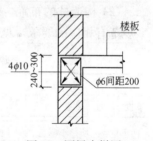

图88 圈梁大样图

开展和延伸,使墙体裂缝仅在两道圈梁之间的墙段内发生,圈梁也可以减轻地震时地基不均匀沉陷对房屋的影响。

钢筋混凝土圈梁布置应根据房屋所在地区的抗震设防烈度,按国家规范的要求来布置,国家规范对圈梁布置的要求见表88。

砖墙现浇钢筋混凝土圈梁设置要求　　　　表88

墙　类	烈　度		
	6、7	8	9
外墙和内纵墙	屋盖处及每层楼盖处	屋盖处及每层楼盖处	屋盖处及每层楼盖处
内横墙	同上；屋盖处间距不应大于7m；楼盖处间距不应大于15m；构造柱对应部位	同上；屋盖处沿所有横墙，且间距不应大于7m；构造柱对应部位	同上；各层所有横墙

圈梁的构造要求：圈梁的截面高度不应小于120mm，配筋最小纵筋应大于或等于4根直径10mm的圆钢，最大箍筋间距直径6mm的圆钢为200mm。

89. 什么是钢筋混凝土构造柱？如何设置钢筋混凝土构造柱？

(1) 钢筋混凝土构造柱就是指先砌筑墙体，然后在墙体两端或纵横墙交接处现浇的钢筋混凝土柱。

(2) 构造柱的布置，根据房屋所在地区的抗震设防烈度，国家规范有相应的要求，见表89。

砖房构造柱设置要求　　　　表89

房屋层数				设　置　部　位	
6度	7度	8度	9度		
四、五	三、四	二、三	—	外墙四角错层部位横墙与外纵墙交接处；大房间内外墙交接处；较大洞口两侧	7、8度时，楼梯间、电梯间的四角；隔15m或单元横墙与外纵墙交接处
六、七	五	四	二		隔开间横墙（轴线）与外墙交接处；山墙与内纵墙交接处；7~9度时，楼梯间、电梯间的四角
八	六、七	五、六	三、四		内墙（轴线）与外墙交接处，内墙的局部较小墙垛处；7~9度时，楼梯间、电梯间的四角；9度时内纵墙与横墙（轴线）交接处

构造柱要求：构造柱的最小截面为240mm×180mm，纵向钢筋宜采用4根直径10mm以上的钢筋，箍筋间距一般为直径6mm的圆钢200mm，在楼板上下处500mm范围内间距为100mm(见图89)。

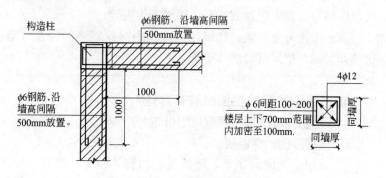

图89 构造柱与墙拉结钢筋大样图

90. 砌体结构墙体裂缝的原因有哪些？

砌体结构是块体通过砂浆连接的非均匀连续体，结构刚度较大，抗变形能力低，抗压能力远大于抗拉能力。造成砌体结构出现墙体裂缝原因是多方面的。裂缝分为结构性裂缝与非结构性裂缝。非结构性裂缝不影响结构安全，通过简单修补就可以解决问题。如墙面粉刷层龟裂等。结构性裂缝对结构安全有一定的影响，应尽量在设计阶段就采取措施避免。造成结构性裂缝的原因主要有以下几点：

(1) 温度影响。当屋面材料为钢筋混凝土时，由于混凝土线膨胀系数与砌体不一致，当温度变化时，两者变形不一样，在屋面与砌体间产生温度应力，当此应力超过墙体抗剪或抗拉强度时，墙体就产生裂缝。这种裂缝一般为季节性温差造成的，一旦出现很难修补。常常修补后，一个冻融循环就会出现。

(2) 地基的不均匀沉降。当同一建筑不同部位地基土发生不均匀沉降时，在连续的墙体中产生较大的拉应力，继而产生开裂。发生不均匀沉降的原因很多，有可能是本身地基不均匀；有可能是建筑用途改变使局部出现较长时间超载；也有可能是附近大量抽取地下水，造成地下水位降低等等。

（3）砌体干缩的影响。砌体中水分不断蒸发，使砌体长度缩短，而楼层、屋面限制其变形，因而产生裂缝。

（4）其他人为因素。建筑使用过程中对原墙体的野蛮改造，比如开大洞、拆除部分墙体等等。

91. 防止墙体开裂的主要措施有哪些？

（1）防止温度裂缝可采取以下措施：

① 做好屋面的保温层。

② 采用柔性屋面体系，降低屋面的整体刚度，以减小屋面对墙体的约束。农村广泛采用的檩条、瓦材屋面体系就是柔性屋面体系。

③ 严格控制建筑长度。当建筑过长时应设温度伸缩缝。伸缩缝的间距见表91。

（2）防止不均匀沉降裂缝的措施：

① 避免建筑坐落在软、硬不同的两种地基土上，无法避开时，应选用合理可靠的处理措施对基础进行处理；在基础顶部及檐口部位设置钢筋混凝土圈梁，也可减少地基不均匀沉降引起的裂缝。

② 设置沉降缝，将建筑从基础到屋顶全部断开，将建筑物分为多个独立单元。沉降缝一般设在以下部位：地基土有明显软、硬差异处；建筑高度、层数、荷载有较大差异处。

（3）防止干缩裂缝的措施：

砌体干缩在施工中及在施工完成后很短时间内大部分就会完成，故加强施工中质量控制，保证砂浆的饱和度，就可以避免干缩裂缝。

砌体建筑伸缩缝的最大间距(m)　　　表91

屋顶或楼板类别		间距
整体式或装配整体式钢筋混凝土结构	有保温层或隔热层的屋顶、楼板	50
	无保温层或隔热层的屋顶	40
装配式无檩体系钢筋混凝土结构	有保温层或隔热层的屋顶、楼板	60
	无保温层或隔热层的屋顶	50
装配式有檩体系钢筋混凝土结构	有保温层或隔热层的屋顶	75
	无保温层或隔热层的屋顶	60
瓦材屋顶、木屋顶或楼板、轻钢屋顶		100

注：1. 对烧结普通砖、多孔砖、配筋砌块砌体建筑取表中数值；对石砌体、蒸压灰砂砖、蒸压粉煤灰砖和混凝土砌块建筑取表数值乘以0.8的系数。当有实践经验并采取有效措施时，可不遵守本表规定。
　　2. 在钢筋混凝土屋面上挂瓦的屋顶应按钢筋混凝土屋顶采用。
　　3. 按本表设置的墙体伸缩缝，一般不能同时防止由于钢筋混凝土屋顶的温度变形和砌体干缩变形引起的墙体局部裂缝。
　　4. 层高大于5m的烧结普通砖、多孔砖、配筋砌块砌体结构单层建筑，其伸缩缝间距可按表中数值乘以1.3。
　　5. 温差较大且变化频繁地区和严寒地区不采暖的建筑及构筑物墙体的伸缩缝的最大间距，应按表中数值予以适当减小。
　　6. 墙体的伸缩缝应与结构的其他变形缝相重合，在进行立面处理时，必须保证缝隙的伸缩作用。

92. 农村建筑楼板、屋面板采用现浇板好还是预制板好？

农村建筑广泛采用预应力空心板。预制板不需要现场立模、钢筋放样，也无需混凝土浇筑，施工速度快，节约成本，正规工厂化预制，质量也可保证。但因其为拼装结构，楼屋面整体性差，降低建筑的抗震性能。拼缝处理不好时会引起渗水、漏雨。难以在厨房、卫生间使用。也无法进行开洞。

现浇板适应性强，整体刚度好，对建筑抗震十分有利。由于现场浇筑，可用于不规则的房间，也可通过掺防水剂等外加剂用于对防水要求较高的厨房、卫生间。现场浇筑可以对洞口进行加强。这些是预制板无法比拟的。

93. 预应力空心板如何选择？要注意哪些问题？

预应力空心板国家及各省市都有相关图集供设计、使用人员选择。选择时要根据建筑的开间尺寸、进深尺度以及使用荷载，经计算复核后选用具体板型。各板块间隙应用混凝土灌实。

预应力空心板采用预应力技术使板有较高的刚度，预应力技术对钢材、混凝土质量有很高的要求，所以对厂家生产设备有一定的要求。在购买预应力空心板时，应选择生产资质、产品质量可靠、信誉好的厂家。购买时应索要质保单，仔细查看产品外观，如有不平整、裂缝、露筋等缺陷的产品不能购买。预应力空心板在运输、堆放过程中一定要按规范要求，钢筋面在下、两端用垫板受力，切不可中部受力。

94. 设置阳台、雨篷应注意哪些问题？

在广大农村，建筑阳台、雨篷越做越大越做越多，时常发生阳台、雨篷垮塌事故。此类事故常常出现在以下几个方面：

（1）抗倾覆不够，阳台、雨篷整体破坏。现在阳台、雨篷悬挑越做越大，而对抗倾覆重视不够，施工中随意加大出挑长度，造成一旦加上荷载，阳台、雨篷整体翻落，甚至有的在施工过程中，一拆模就整体破坏了。

（2）钢筋位置错误，特别是挑板的阳台及雨篷。

（3）拆模过早，混凝土未达到足够强度。

针对以上问题，应该做到以下几点：

（1）加强抗倾覆计算，对于设计图纸中的悬挑长度不能随意加大，要加大应由专业人员调整。

（2）加强施工监督，增加支撑马扎数量及刚度，保证板钢筋位置。对于阳台等需上人的部位建议采用挑梁方法。挑梁拖入墙体长度需计算确定，但一般楼层必须大于挑出长度 1.2 倍，顶层必须大于挑出长度的 2 倍。

(3) 等混凝土完全达到100%强度后方可拆模。如上层阳台、雨篷模板支撑须撑于本层阳台上时，本层更不可拆模。

95. 混凝土框架结构有哪些优点？

随着农民生活水平的提高，当代农村建筑功能趋于多样化。砌体结构由于墙体布置的要求，限制了建筑开间及分隔。以钢筋混凝土柱作为竖向承重结构，钢筋混凝土梁、板为水平承重构件的混凝土框架结构得到越来越多的使用。

混凝土框架结构有以下优点：

(1) 材料强度高，柱截面尺寸小，对建筑功能影响小。墙体仅有分隔围护作用，不是结构构件，可按功能随意分隔。可以形成大空间，满足诸如商店、饭店、农机仓库等使用要求。

(2) 结构体系抗震性能好。框架结构为杆系结构，结构抗变形能力强。破坏形态为延性破坏，也就是从发生可见裂缝、变形到破坏会产生很大的变形，便于人员得到预警后撤离。而砌体结构破坏呈脆性形态，从开裂到倒塌过程很短，破坏有突然性。

(3) 由于墙体不是结构构件，因而可以采用轻质材料，使得结构总体重量减轻，便于基础设计。当地基需进行处理时，也可以只处理柱下局部地区地基土。

(4) 通过选用合适轻质墙体，可以不用、少用黏土砖，达到保护耕地，节约资源的目的。

(5) 建筑使用期间改造容易。可以重新进行房间分隔而不影响结构，功能适应性强。

混凝土框架结构有以下缺点：

(1) 造价较砌体结构高。钢筋、水泥、石子、砂子等材料均需购买，人工费用也较高。

(2) 施工人员、技术、机械要求高。需要钢筋工、木工、混凝土工、瓦工等多个工种协同工作。需要混凝土搅拌机，需要的水平运输、竖向运输机械较多。需要专门的脚手架。而在砌体结构中大部分都可以人工解决。

(3) 施工周期长。由于混凝土存在一定的凝结硬化时间，各工种存在工作面交叉配合问题，施工周期相对较长。

96. 混凝土框架结构框架布置有哪些要求？

在抗震设防区，建筑应尽量平面规则，立面简单。当建筑平面复杂时，可通过采用防震缝将复杂平面分为多块体形简单的建筑。

规范框架结构适用高度较大(40~60m 以下)，建筑高宽比限值3~5，一般的农村建筑都可以采用框架结构。

由于地震可能来自各个方向，所以框架结构应设计成双向梁柱抗侧力体系，不建议采用一个方向框架一个方向连续梁的结构形式，两个方向都要形成框架。框架结构不宜采用单跨框架，最好形成多跨连续框架。

97. 框架柱有哪些构造要求？

由于在地震作用下，柱除了承受竖向荷载外，还要承受地震反复荷载，所以要控制柱的截面不能过小，使其在竖向荷载作用下强度有一定富余，这就是控制轴压比。轴压比就是地震作用下的竖向力与全截面强度的比值。具体要求可参见《建筑抗震设计规范(GB 50011—2001)》相关条款。控制了轴压比同时就可以保证框架柱的延性。我们要有一个概念，竖向受力构件的损坏就会导致整个建筑物的垮塌。保证柱的延性及强度储备是十分重要的。

农村建筑框架柱一般采用方柱或圆柱，柱截面的宽度和长度均不宜小于300mm；圆柱直径不宜小于350mm。柱钢筋主筋一般采用二、三级钢，主筋宜对称配置，箍筋采用一级或三级钢。

98. 框架梁有哪些构造要求？

框架中框架梁为水平承重构件，梁板自重及建筑功能荷载都要传递到框架梁。框架梁的高度一般为跨度的 1/8~1/12，宽度一般为梁高的 1/2~1/3。截面宽度不宜小于 200mm。梁中线宜与柱中线重合。梁钢筋主筋一般采用二、三级钢，箍筋采用一级或三级钢。

99. 复合木结构有哪些特点？

（1）复合木结构施工方便、工期短。复合木结构所用的结构构件都是在工厂按标准加工生产，再运到工地，稍加拼装即可建成一座漂亮的木房子，而且施工安装速度远远快于混凝土和砖石结构建筑，大大缩短了工期，节省了人工成本，施工质量得以保证，复合木结构建筑也易于改造和维修。

（2）环保节能。由于木材为绝热体，在同样厚度的条件下，木材的隔热值比标准的混凝土高 16 倍，比钢材高 400 倍，比铝材高 1600 倍。即使采取通常的隔热方法，复合木结构建筑的隔热效果也比空心砖墙房高 3 倍。所以，复合木结构建筑好像一座天然的空气调节器，冬暖夏凉。

（3）抗震性能优越。复合木结构房由自身重量轻，其结构部分的重量仅占整个建筑物重量的 6%~10%，地震时吸收的地震力也相对较少，由于楼板和墙体体系组成的空间结构使构件之间能相互作用，所以它们在地震时大多纹丝不动，或整体稍有变形却不会散架，具有较强的抵抗重力、风和地震能力。在 1995 年日本神户大地震中，木结构建筑基本毫发未损。

（4）防火性能差。复合木结构需要对木材进行防火处理，才能达到国家规定的耐火极限。

（5）防潮、防虫、防腐需要特殊处理。

（6）建造成本相对较高。

100. 卷材防水屋面局部构造有哪些做法？

（1）女儿墙与屋面交接处构造，见图 100-1；

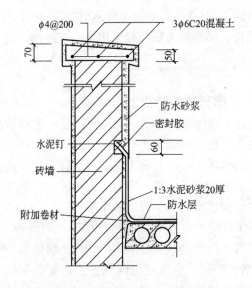

图 100-1 女儿墙与屋面局部构造

(2) 檐沟,见图 100-2;

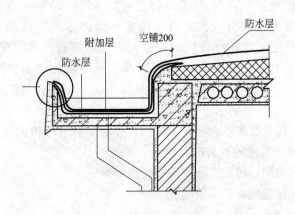

图 100-2 檐沟

(3) 保温上人屋面,见图 100-3。

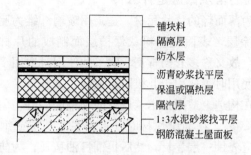

图 100-3 保温上人屋面

101. 钢筋混凝土结构的瓦屋面应如何构造？

当前城市不少坡屋顶建筑采用钢筋混凝土结构作屋面板，上铺英红瓦防水层。

英红瓦屋面在构造上有不设保温层和设保温层的两种做法，见图 101。

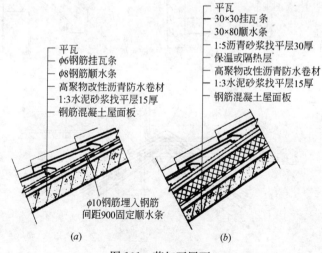

图 101 英红瓦屋面
(a)不设保温层做法；(b)设保温层做法

102. 油毡瓦的常规做法是什么？

油毡瓦为薄而轻的片状瓦材，是采用玻璃纤维为胎层，覆以改性沥青为涂层，表面施以粉状保护层而制成的片材。瓦材多彩、多样化，故又称多彩沥青瓦。它单独使用时适用于Ⅲ级防水屋面，复合使用时可适用于Ⅱ级防水屋面。

油毡瓦在构造上适用于木基层屋面和钢筋混凝土屋面，屋面坡度不小于20%。在铺设瓦材时，不放在木基层或钢筋混凝土基层上，都应先铺一层卷材，然后再铺钉油毡瓦；为防止钉帽外露锈蚀而影响固定，需将钉帽盖在瓦材下面，卷材搭接宽度不应小于50mm。油毡瓦构造见图102。

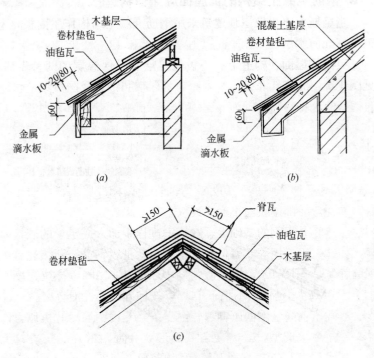

图102　油毡瓦屋面
(a)檐口部位(一)；(b)檐口部位(二)；(c)屋脊部位

五、建筑材料

103. 建筑用钢材主要有哪几种？什么是Ⅰ级、Ⅱ级、新Ⅲ级、冷轧扭、冷轧带肋钢筋？

目前建房常用的钢材有 Q235、HRB335、HRB400，俗称Ⅰ级钢筋、Ⅱ级钢筋、新Ⅲ级钢筋，冷轧扭钢筋和冷轧带肋钢筋。

建筑用的热轧Ⅰ级钢筋，横截面通常为圆形，且表面为光滑的钢筋混凝土用钢材，强度等级代号为 Q235。公称直径范围为 6～20mm。热轧Ⅰ级钢筋的力学性能和工艺性能应符合 GB 13013—92 技术要求。

建筑用的热轧Ⅱ级钢筋表面为月牙带肋钢，我国市场上供应的钢筋的公称直径范围为 6～50mm，一般为 6、8、10、12、14、16、18、20、22、25、28、32、36、40、50mm。钢筋的牌号是 HRB335。热轧Ⅱ级钢力学性能和工艺性能应符合 GB 1499—1998 的技术要求，屈服强度不小于 335MPa，抗拉强度不小于 490MPa，延伸率不小于 16%。弯曲性能按标准要求，弯曲 180°后钢筋受弯曲部位表面不产生裂纹。

在热轧Ⅱ级钢的基础上，在炼钢过程中加入一定量的微量元素，如钛、钒、铌等元素，就成了热轧新Ⅲ级钢筋。新热轧Ⅲ级钢的牌号是 HRB400，即屈服强度不小于 400MPa，抗拉强度不小于 570MPa，延伸率不小于 14%，按标准弯曲性能合格。

冷轧扭钢筋是由低碳钢热轧圆盘条经专用钢筋冷轧机调直冷轧并冷扭一次成型，具有规定截面形状和带距的连续螺旋状钢筋，其代号为 LZN，直径一般有 6、8、10、12、14mm。力学性能应符合 JG 3046—1998 技术要求。

冷轧带肋钢筋是由热轧圆盘条经冷轧后，在其表面带有沿长度方向均匀分布的三面或二面横肋的钢筋，牌号为 CRB，公称直径范围为 4～12mm。牌号为 CRB550、CRB650、CRB800、CRB970、CRB1170，力学性能和工艺性能应符合 GB 13788—2000 技术要求。

104. 建筑用钢材为什么要选用热轧Ⅱ级、新Ⅲ级钢？

Ⅱ级、新Ⅲ级钢筋的强度较高，塑性和焊接性能较好，即使发生自然灾害破坏情况，事先有一定的预兆；另外，由于钢筋表面带肋与混凝土的握裹力较大，可提高钢筋和混凝土的共同作用。为此，Ⅱ级、新Ⅲ级钢筋一般广泛用作大、中型钢筋混凝土结构的受力钢筋。

105. 为什么不能选用伪劣钢材？

伪劣钢材都不是用合格的钢坯轧制而成的，通常采用废钢、旧钢、锈钢等加工而成，加工工艺简单，俗称地条钢。这种钢材成分复杂，含杂质多、含碳量高、延性小，容易发生脆性断裂。外观看，此类钢材轧制粗糙，直径偏差大，不圆度大。这类钢筋绝对不允许使用在工程中。

新购钢材应送有资质的检测机构进行检测，在符合相应的技术标准要求后方可使用。

106. 用什么简易的方法判断钢筋的好坏？

相对简易的方法是，钢筋工自己取样，利用钢筋弯钩的加工工具或机具，做冷弯试验。试件冷弯后，弯曲中点处的外面及侧面如果有裂缝、裂断或起层的，就是不合格的钢筋，不得用在结构工程中。

107. 钢筋在混凝土施工中为什么要严格控制保护层的厚度？

钢筋在混凝土中，依靠水泥凝结时的胶着和收缩作用与钢筋形成整体，共同抵抗外力；同时，钢筋也依靠混凝土抵御外界水分和有害气体的侵蚀，避免生锈剥落。保护层的厚度，是指构件内主钢筋外边缘至构件混凝土表面的净厚，但是，保护层不是越厚越好，如果超厚，一方面会削弱构件的承载能力，另一方面保护层也易开裂，反而对结构不利，故要严格掌握好保护层的厚度。

108. 什么是普通混凝土？它有哪些特性？

用水泥作为胶凝材料，将砂、石作为细、粗骨料，加水拌合制成的混凝土，就是普通混凝土。在整个混凝土家族中，普通混凝土使用最早，用途最广，许多其他品种的混凝土大都是在它的基础上发展起来的。

普通混凝土，简称混凝土。它的主要特性如下：

（1）混凝土具有较高的抗压强度，一般为 20~80MPa，能够承受较大的荷载；

（2）混凝土在凝结前，具有良好的塑性，可以根据需要制成各种形状和尺寸的结构、构件；

（3）有很好的耐久性，在空气中能长期经受干湿、冷热、冻融的变化而不损坏。

109. 为什么水泥要分强度等级？

水泥强度等级是表示水泥强度高低的级别。它是把水泥和一种 ISO 标准砂以一定的比例，根据国家规定的标准方法做成水泥砂浆试件，在标准养护条件下养护 28 天后放在压力机上加压，根据试件破坏时每平方毫米面积上所加之压力数值（牛顿），定出该水泥的强度等级。从水泥的强度等级上我们就可以知道水泥的强度，等级越高水泥强度也就越高。水泥有不同强度等级，可根据不同工程需要合理选用，避免造成浪费。常用的水泥有普通硅酸盐水泥、矿渣硅酸盐水泥 32.5 级、42.5 级。

不同种类的水泥不得混合使用。

110. 什么是水泥的安定性？

水泥的体积安定性是指水泥在凝结硬化过程中体积变化是否均匀，水泥体积安定性不良会使水泥制品、混凝土构件产生膨胀性裂缝，降低建筑物质量，甚至引起严重的工程事故，因此，体积安定性不合格的水泥应作废品处理，绝不能用在工程中。

水泥必须经过试验，证明其安定性良好才能使用。

水泥安定性的测定有两种方法：一种是标准法（即雷氏夹法）；另一种是代用法（即试饼法），在没有条件的情况下可以用代用法测定水泥的安定性。具体方法如下：

称取水 130 克左右，倒入容器中，再加入 500 克水泥经过充分搅拌制成水泥净浆。取出一部分分成两等份，使之成球形，放在预先准备好的玻璃板上，轻轻振动玻璃板并用湿布擦过的小刀由边缘向中央抹，做成直径 70~80mm，中心厚约 10mm，边缘渐薄表面光滑的试饼，接着将试饼放入湿气的养护箱内养护 24 小时左右。脱去玻璃板取下试饼放入沸水中恒沸 3 小时左右。取出试饼进行判别。目测试饼未发现裂缝，用钢直尺检查也没有弯曲的试饼为安定性合格，反之为不合格。

111. 为什么水泥不能过期？如何鉴别？

一般水泥存放 3 个月以上为过期水泥，过期水泥会受潮结块，强度将降低 10%~20%。存放期越长，强度降低值也越大。过期水泥使用前必须重新检验强度等级，否则不得使用。

112. 水泥在运输和存放过程中为何不能受潮和雨淋？

水泥在受潮和雨淋时，由于发生水化反应而硬化、结块，降低使用性能，甚至作废。

在运输水泥时，要听天气预报，最好带上帆布避免淋雨受损；短途运散装水泥，要用塑料桶、铁皮桶或木桶盛装运输。为防止水泥吸收空气中的潮气变质，水泥仓库要用封闭式的，屋面不能漏水，地板要做成架空式，离地200～300mm；临时性存放的水泥库房，其地坪也要垫塑料薄膜或油毡，库房四周要挖通排水沟，排水畅通无积水。水泥禁止存放在敞棚内。

113. 如何处理受潮的水泥？

根据水泥的受潮程度，主要有以下几种处理方法：

（1）全部结成硬块的水泥，不允许使用。

（2）水泥中有松块，用手指用力可以捏细，其中无硬块存在的，将水泥倒在拌板上，用铁锹拍碎后，可按低一级强度等级使用。

（3）局部存在小硬块，如使用时不过筛，除应降一级强度等级外，只准用于C10以下的素混凝土。

（4）水泥结块严重的，须过筛处理，按重量掺入新鲜水泥中使用，掺量不大于30%；剩下渣子，用石碾或石臼研成细粉，当成活性混合材料，掺入新鲜水泥中使用，掺量不大于20%。两者均应拌匀。

114. 为什么砂、石有级配要求？

为了获得质量好、水泥用量少、造价低的混凝土，砂石应具有良好的级配才行。所谓"级配"，就是指砂石各种大小不同、粗细不同颗粒搭配组成的情况。一般对砂石级配的原则要求是，既要使砂石的空隙少，又要使砂石的总表面积小。因为砂石的空隙少，所需的水泥砂浆就少。总表面积小，所需包裹骨料表面的水泥用量也就少，水泥就能节约。

怎样才能满足这两个要求呢？可以设想，如果都是大颗粒，空隙必然大。如果都是小颗粒，虽然空隙少，但总表面积大。因此，对砂、石骨料颗粒的搭配，应当是既有大的、粗的，又要有小的、细的，使得大颗粒间的空隙由小颗粒来填充，而总表面积却比全为小颗料组成时要少。一般砂、石的级配可由不同孔径的筛子来确定，并和标准级配比较，以确定砂、石级配是否符合要求。

115. 为什么砂、石不能含有泥块、有机物等杂质？

砂、石中如含有泥土杂质便会包覆在砂石的表面，阻碍砂石与水泥浆的粘结。如果砂石中含有草根、有机腐朽物质，即使含量极少，却影响甚大。不仅由于有机物所产生润滑和腐烂作用妨碍着水泥的胶结，影响混凝土的强度，而且还产生一种有机酸，对水泥产生严重的腐蚀作用。因此，一般规定砂中含泥量不得大于5%，石的含泥量不得大于2%，具体见标准JGJ 52—92、JGJ 53—92。至于有机物的含量，需要用化学的方法予以鉴定。

116. 为什么混凝土对水质有要求？

含有脂肪、植物油、糖、酸等工业废水、污水都不能用来拌合混凝土。因为这些含有杂质的水会降低水泥的粘结力，使混凝土的强度下降，所以不能使用。矿物水中含有大量盐类，使得水泥不能很好抵抗水的侵蚀。对于矿物水的化学成分，必须满足国家规定的指标，或者与普通饮用淡水作对比试验，看强度不降低才能使用。海水中含有氯离子，对混凝土中钢筋有腐蚀作用，更不能用来拌制混凝土。

至于一般自来水和能供饮用的水，都可用来拌合混凝土。具体见标准GBJ 63—89。

117. 如何配制混凝土？

普通混凝土主要由水泥、砂、碎石加水拌制凝固而成，为了达到一定强度的混凝土，水泥、砂、碎石和水的用量之间要有一定的比例，即混凝土配合比。一旦混凝土配合比确定下来，配料（称量）的准确性是保证混凝土工程质量、节约原材料的重要条件，对于水泥、水称量误差以重量计不得超过±0.5%，砂、石称量误差不得超过±1%。

农村住宅建房一般混凝土强度等级采用 C15、C20。C15 用作基础及垫层，C20 用作圈梁、构造柱、现浇楼地面等部位。

配制 C15 强度等级混凝土，通常采用普通硅酸盐水泥 32.5 级，石子最大粒径 20mm，中砂，每立方米混凝土材料用量：水 188 公斤，水泥 265 公斤，砂 785 公斤，石 1129 公斤，即水：水泥：砂：石是 0.71：1：2.96：4.26。

配制 C20 强度等级混凝土，通常采用普通硅酸盐水泥 32.5 级，石子最大粒径 20mm，中砂，每立方米混凝土材料用量：水 195kg，水泥 355kg，砂 673kg，石子 1146kg，即水：水泥：砂：石是 0.55：1：1.90：3.23。

118. 为什么不宜用海水拌制混凝土？

用海水拌制混凝土时，由于海水中含有较多的硫酸盐，混凝土的凝结速度会加快，早期强度提高，但后期强度下降，抗渗性和抗冻性也下降，还可能对水泥石造成腐蚀。同时，海水中含有大量氯盐，对混凝土中钢筋有加速腐蚀作用，因此对钢筋混凝土和预应力混凝土结构，不得采用海水拌制混凝土。

119. 为节约水泥用量，降低混凝土造价，在配制混凝土时应采取哪些措施？

主要可以采取以下措施：
(1) 选择较粗的、级配好且干净的砂、石。
(2) 选择较小的砂率或合理砂率。
(3) 掺加粉煤灰等活性掺合料代替部分水泥。
(4) 掺用减水剂。
(5) 加强搅拌、振捣成型或充分养护，可以减少水泥浆用量或通过提高强度而减少水泥用量。

120. 在配制混凝土时，为什么不能随意改变水灰比？

这是因为水灰比（水和水泥的质量比）对混凝土的工作性、强度、耐久性和变形等有很大的影响。水灰比增大时，虽然混凝土的流动性增加，但黏聚性和保水性降低，且对强度和耐久性特别有害。水灰比的较小变化会导致混凝土性能的较大变化，故需严格控制水灰比，以保证混凝土的质量。

121. 浇筑成型后的混凝土，为什么要在一定龄期内不断洒水养护？为什么夏天要不停地洒水，而冬天可少洒水？

混凝土在浇筑成型后，往往会由于早期失水而产生收缩，造成混凝土开裂、强度降低等质量事故，因此需要在一定龄期内不断洒水养护。在夏天，由于气温较高，混凝土表面水分蒸发较快，容易产生收缩裂缝，并影响水泥的正常凝结硬化，故要不停地洒水。在冬天，混凝土表面水分蒸发较慢，同时为防止混凝土被冻坏，可少洒水。

122. 砂浆有哪几类？各有什么用途？

砂浆按用途分砌筑砂浆和抹灰砂浆。砌筑砂浆是用以砌筑砖、石、砌块的砂浆。抹灰砂浆是用以装饰（粉刷）建筑物和构筑物等表面的砂浆。

123. 砌筑砂浆的稠度有什么要求？

砌筑砂浆的稠度应按表123规定选用。

各类结构砌筑砂浆的稠度 表123

砌 体 种 类	砂浆稠度(mm)
烧结普通砖砌体	70～90
轻骨料混凝土小型空心砌块砌体	60～90
烧结多孔砖，空心砖砌体	60～80
烧结普通砖平拱式过梁、空斗墙、筒拱、普通混凝土小型空心砌块砌体、加气混凝土砌块砌体	50～70
石砌体	30～50

124. 砌筑砂浆如何配制？抹灰砂浆如何配制？

砌筑砂浆的配合比按水泥砂浆的强度等级确定每立方米的水泥用量、砂子用量和水用量，具体用量参照表124。

砌筑砂浆的配合比　　　　　　　　表124

强度等级	每立方米砂浆水泥用量(kg)	每立方米砂子用量(kg)	每立方米砂浆用水量(kg)
M2.5、M5	200～230		
M7.5、M10	220～280	$1m^3$ 砂子的堆积密度值	270～330
M15	280～340		
M20	340～400		

注：1. 此表水泥强度等级为32.5级，大于32.5级水泥用量宜取下限；

2. 根据施工水平合理选择水泥用量；

3. 当采用细砂或粗砂时，用水量分别取上限或下限；

4. 稠度小于70mm时，用水量可小于下限；

5. 施工现场气候炎热或干燥季节，可酌量增加用水量。

抹灰混合砂浆一般为1：1：6或1：3：9(水泥：石灰膏：砂)；水泥砂浆一般为1：3(水泥：砂)底层，面层水泥砂浆为1：2～1：2.5(水泥：砂)。

125. 普通抹面砂浆的主要性能要求是什么？不同部位应采用何种抹面砂浆？

抹面砂浆的使用主要是大面积薄层涂抹(喷涂)在墙体表面，起填充、找平、装饰等作用，对砂浆的主要技术性能要求不是砂浆的强度，而是可施工性和与基层的粘结力。

普通抹面一般分两层或三层进行施工，底层起粘结作用，中层起找平作用，面层起装饰作用，有的简易抹面只有底层和面层。由于各层抹灰的要求不同，各部位所选用的砂浆也不尽相同。砖墙的底层较粗糙，底层找平多用石灰砂浆或石灰炉渣灰砂浆，中层抹灰多用粘结性较强的混合砂浆或石灰砂浆，面层抹灰多用抗收缩、抗裂性较强的混合砂浆、麻刀石灰砂浆或纸筋石灰砂浆。

126. 什么是防水砂浆？怎样配制防水砂浆？

防水砂浆是指通过调整砂浆配比，采用特定的施工工艺使其硬化后具有良好的防水、抗渗性能的水泥砂浆。在普通水泥砂浆中掺入一定量的防水剂而制得的防水砂浆，是应用最广泛的防水砂浆品种。

配制防水砂浆的配合比：水泥与砂之比约为1：2.5，水灰比应为0.5~0.6，稠度不应大于80mm。水泥宜选用32.5级以上的普通硅酸盐水泥，砂子应选用洁净的中砂，防水剂掺量按生产厂推荐的最佳掺量掺入，最后需经试配确定。

127. 砂浆使用中应注意哪些问题？

砂浆使用中应注意以下几个问题：

（1）砂浆应盛入贮灰器内使用，防止水分流失，操作困难。如果运输、贮存中出现泌水现象，应再次拌合后使用。

（2）拌好的水泥砂浆和混合砂浆应尽量在3~4小时内用完，如气温较高，应尽快用完。

（3）使用中不得随意加水，这样会增大砂浆的水灰比，降低砂浆强度，影响砌体质量。

（4）不得使用过夜的砂浆，或将其掺入新砂浆中使用，因为这种砂浆已失去大部分活性，砂浆的强度大大降低。

（5）不得用冲浆法砌筑砖、石，这样不但改变了水灰比，降低强度，而且使水泥浆流失，造成强度不均。同时也不应随意加石灰膏，石灰膏用量过多，则水泥用量相应地减少，砂浆强度也要降低。

（6）冬季使用砂浆应保持一定的砌筑温度（一般要求10℃以上），以保证水泥水化正常进行和便于施工摊铺。

（7）冬季应避免用石灰砂浆砌筑砖石砌体，因砂浆受冻后，待冻结融化，石灰将因失水粉化，而失去强度，使整体性和砌体强度大大降低。

128. 什么是保温砂浆?

以往保温砂浆是以水泥、石灰膏、石膏等胶凝材料与膨胀珍珠岩砂、膨胀蛭石、火山渣或浮石砂、陶砂等轻质多孔骨料按一定比例配制成的砂浆,具有轻质、保温等特性。

常用的保温砂浆有发泡聚苯乙烯颗粒砂浆、水泥膨胀珍珠岩砂浆、水泥膨胀蛭石砂浆等。由于膨胀珍珠岩砂、膨胀蛭石吸水率大,故不得用于保温材料中,因此,现在通常采用以聚苯乙烯颗粒砂浆为主的保温砂浆。

129. 何谓混合砂浆?抹灰工程采用水泥石灰混合砂浆有何好处?

由两种或两种以上的胶凝材料配制而成的砂浆,叫混合砂浆。抹面砂浆易碳化,水分也易蒸发,对石灰砂浆较为有利,但是其强度发展较慢。采用水泥石灰混合砂浆,可以发挥石灰和水泥各自的优点,既可以节约水泥用量,又可以改善砂浆的和易性,且适用范围较广。

130. 如何避免水泥砂浆楼地面起灰起砂现象发生?

为避免水泥砂浆楼地面起灰起砂,首先要注重原材料的选择。水泥可选用 32.5 级普通硅酸盐水泥,砂子宜选用质地洁净的中砂或粗砂,砂子含泥量偏大或粒径过细,会降低砂浆强度,导致地面起砂。对砂浆配合比,水泥∶砂子应为 1∶2 或 1∶2.5(体积比),水灰比必须严格控制在 0.55 以内,拌制出来的砂浆,以手捏成团,落地即散为佳。如水泥用量偏小,水灰比偏大,不仅地面强度低,耐磨性差,而且抹面粗糙,易于起砂。

131. 墙体材料中为什么要禁止使用黏土实心砖?

黏土实心砖是以黏土为主要原料,经配料、成型、焙烧等主要工艺生产而成的建筑材料。长期以来,实心黏土砖在我国墙体材料产品构成中占据着"绝对统治"地位。针对生产与使用实心黏土砖存在毁地取土、高能耗与严重污染环境等问题，国家提出了"禁实"的要求，禁止使用实心黏土砖，并逐步限制使用空心黏土砖。江苏省不少城市已在工程中全面禁止使用黏土实心砖，以新型墙体材料代替。

今后，"禁实"的重点将由城市转向农村，作为农村建房，面广量大，应大力宣传和应用节能、利废的新型墙体材料，逐步淘汰黏土实心砖，限制黏土空心砖，为经济的可待续发展、为子孙后代留下宝贵的土地资源。

132. 目前农村采用的新型墙体材料有哪几种？

目前农村可采用的新型墙体材料有普通混凝土小型空心砌块、粉煤灰小型空心砌块、轻骨料混凝土小型空心砌块、蒸压加气混凝土砌块和各种类型轻质墙板。蒸压加气混凝土砌块可用作墙体材料，也用作屋面隔热保温材料，各类轻质墙板可用作隔墙材料。

混凝土砌块是以水泥、砂、碎石为原料，加水搅拌、振动或冲击加压再经过养护制成的墙体材料。承重砌块强度等级为3.5、5.0、7.5、10MPa四个强度等级，非承重砌块强度等级为3.0MPa。蒸压加气混凝土砌块一般以水泥、石灰、高炉矿渣等为原料，另一类则以砂、粉煤灰、煤渣、煤矸石、尾矿粉等为原料，经过一定工艺加工而成为墙体材料。这些新型墙体材料，有的可以就地取材，优先使用当地的工业废渣。

新型墙体材料具有利废、节能、节地等优点，是国家一直在提倡推广应用的方向。

133. 如何用简易方法鉴别一批生石灰的质量优劣？

在没有检验仪器的条件下，将一定质量的生石灰进行熟化，测定未消化残渣的含量（或产浆量），残渣含量越大，表示质量越差。

134. 如何用简单方法辨认出哪是熟石灰？哪是生石灰粉或建筑石膏？

眼前的一堆白色粉末状的建筑材料一时难以辨认哪是熟石灰？哪是生石灰粉或建筑石膏呢？可将该材料与水拌合制成适当稠度的浆体即可辨认。若不能发生水化反应则为熟石灰粉；发生水化反应且凝结硬化较快，则为建筑石膏；发生水化反应但凝结硬化较慢且体积大量收缩，则为生石灰粉。

135. 建筑石膏及其制品为什么适用于室内，而不适用于室外？

建筑石膏及其制品适用于室内装修，主要是由于它们具有以下性能：

（1）石膏表面光滑饱满，颜色洁白，质地细腻，具有良好的装饰性。加入颜料后，可具有各种色彩。建筑石膏在凝结硬化时产生微膨胀，故其制品的表面较为光滑饱满，棱角清晰完整，形状、尺寸准确，细致，装饰性好。

（2）硬化后的建筑石膏中存在大量的微孔，故其保温性、吸声性好。

（3）硬化后石膏的主要成分是二水石膏，当受到高温作用时或遇火后会脱水，并能在表面蒸发形成水蒸气幕，可有效地阻止火势的蔓延，具有一定的防火性。

（4）建筑石膏制品还具有较高的热容量和一定的吸湿性，故可调节室内的温度和湿度，改善室内的小气候。

在室外使用建筑石膏制品时，必然要受到雨水冰冻等的作用，而建筑石膏制品的耐水性差、吸水率高、抗渗性差、抗冻性差，所以不适用于室外。

136. 农村住宅采用什么样的门窗比较好？

在我国，门窗主要有木制门窗、钢门窗、普通铝型材门窗和塑钢门窗。

门窗对抗风压、气密性、水密性、保温隔热性和耐久性都有一定的要求。木制门窗耐久性差；钢门窗耐久性、气密性、水密性、保温隔热性也不好；普通铝型材门窗保温隔热性差；只有塑钢门窗这五项指标都优于其他门窗，而且是一种节能、节材、符合环保要求的产品。现在城市已大力推广应用，农村也应大力推广。

137. 为什么屋面材料禁止使用黏土瓦，采用水泥彩瓦等新型瓦？

几千年来，我国屋面覆盖材料主要是黏土瓦。生产黏土瓦每年都要毁坏大量良田，消耗大量能源，这与我国保护土地资源的国情国策是相违背的，所以国家已严格控制黏土瓦的生产。

彩色水泥瓦的主要材料为砂和水泥，不需要挖土毁田，而且彩色水泥瓦属国家推行的新型建材，对改变传统的秦砖汉瓦及屋顶建筑有着积极的作用。

彩色水泥瓦无论是单位覆盖面及价格、色泽、外观等外在质量，还是抗折、抗渗、使用寿命等内在质量都远远优于黏土瓦。

屋面覆盖彩色水泥瓦，保留了中国几千年形成的建筑风格。传统建筑的屋面隔热防水问题一直难以解决，而使用彩色水泥瓦能较好地解决这一难题。因此，彩色水泥瓦前景十分广阔。

138. 防潮层通常有哪些材料？

常用材料有防水卷材，防水砂浆和配筋细石混凝土防潮带。

防水卷材选用沥青毡或高聚物改性沥青防水卷材，铺贴在勒脚处的砖缝中，卷材搭接长度不小于70mm。

卷材防潮层有韧性，不易开裂，防潮效果好，但缺点是卷材把砖砌体截断为上下两部分，对抗震不利，因此，在抗震设防地区，不宜选卷材作水平防潮层。

在抗震设防地区，常选用防水砂浆防潮层，即在需要设置防潮层的部位铺设 20mm 厚防水水泥砂浆即可。它的优点在于不仅起到防潮作用，而且把砖砌体连成整体，对抗震有利。

139. 屋面防水材料有哪几类？如何选择？

屋面防水材料可分为卷材类、涂膜类、密封材料类、瓦类等。

卷材防水层适用于防水等级为Ⅰ～Ⅳ级的屋面防水。涂膜防水层，适用于等级为Ⅰ～Ⅳ级的屋面防水，当用于Ⅲ、Ⅳ级防水屋面时，可单独采用一道防水设防，也可用于Ⅰ、Ⅱ级屋面多道防水设防中的一道防水层。防水涂料应采用高聚物改性沥青防水涂料，合成高分子防水涂料。

密封材料适用于刚性防水屋面分格缝以及天沟檐沟泛水、变形缝等细部构造的密封处理。

平瓦、油毡瓦适用于防水等级为Ⅱ、Ⅲ级以及坡度不小于 20% 的屋面防水。

140. 屋面防水材料为什么要淘汰石油沥青纸胎油毡？目前推广采用哪些新型防水材料？

石油沥青纸胎油毡主要因为其强度低、柔性差、抗老化年限短等缺陷，被淘汰使用。新型防水卷材采用玻纤毡、聚酯毡、黄麻布、合成膜或两种复合材料为胎基，本身强度高，再用合成高分子聚合物改性沥青，优质氧化沥青为浸涂材料，从而大大地改善了材料的性能，其特点是高弹性、大延伸、耐老化、冷施工、单层防水和使用寿命长，为此，应大力推广采用新型防水卷材。

目前市场上供应的防水材料有：

(1) 沥青复合胎柔性防水卷材；
(2) 氯化聚乙烯—橡胶共混防水卷材；
(3) 聚氯乙烯防水卷材；
(4) 三元乙丙高分子防水材料；
(5) SBS 弹性体改性沥青防水卷材；

(6) APP 塑性体改性沥青防水卷材；
(7) 非焦油聚氨酯防水涂料；
(8) 聚合物水泥防水涂料；
(9) 建筑防水沥青嵌缝油膏；
(10) 油毡瓦。

141. 屋面防水有哪些做法？

平屋面防水按照防水材料的不同有柔性防水和刚性防水两类。柔性防水又有卷材防水和涂膜防水之分。刚性防水又有普通细石混凝土防水、掺外加剂细石混凝土防水、预应力细石混凝土防水及块体刚性防水多种。

142. 目前常用的卷材防水材料有哪些？各有什么特点？

卷材防水屋面是我国传统的屋面防水形式，防水卷材又是屋面防水材料的重要品种，目前市场上采用的防水卷材可分为三类，即沥青基防水卷材、高聚物改性沥青防水卷材和合成高分子防水卷材。见表142。

卷材分类表　　　　　　　　　　表142

卷材防水屋面	沥青基防水卷材		纸胎沥青油毡、玻璃布沥青油毡、玻纤沥青油毡、黄麻织物沥青油毡、铝箔胎沥青油毡
	高聚物改性沥青防水卷材		SBS改性沥青防水卷材、APP改性沥青防水卷材、再生胶改性沥青防水卷材、PVC改性沥青防水卷材、废胶粉改性沥青防水卷材、其他改性沥青防水卷材
	合成高分子防水卷材	橡胶系	三元乙丙橡胶防水卷材 丁基橡胶防水卷材 再生橡胶防水卷材
		树脂系	氯化聚乙烯防水卷材 聚氯乙烯防水卷材 聚乙烯防水卷材 氯磺化聚乙烯防水卷材
		橡塑共混型	氯化聚乙烯—橡胶共混防水卷材 三元乙丙橡胶—聚乙烯共混防水卷材

143. 什么是传统建筑防水材料？什么是新型建筑防水材料？

传统建筑防水材料是指传统的石油沥青纸胎油毡、沥青涂料等防水材料，这类防水材料存在对温度敏感、拉伸强度和延伸率低、耐老化性能差的缺点。特别是用于外露防水工程，高低温特性都不好，容易引起老化、干裂、变形、折断等现象。

新型建筑防水材料，相对于传统的，其"新"字主要有两层意义，一是材料"新"，主要有合成高分子防水卷材（如三元乙丙橡胶防水卷材）、高聚物改性沥青防水卷材以及防水涂料、防水密封材料、堵漏材料、粘结材料、刚性防水材料等；二是施工方法"新"，即由热熔法向冷粘法发展。

144. 如何正确选择和使用建筑防水材料？

防水材料由于品种和性能各异，因而各有着不同的优缺点，也各具有相应的适用范围和要求，尤其是新型防水材料的推广使用，更应掌握这方面的知识。正确选择和合理使用建筑防水材料，是提高防水质量的关键，也是设计和施工的前提，为此需注意以下几点。

（1）材料的性能和特点

建筑防水材料可分为柔性和刚性两大类。柔性防水材料拉伸强度高、延伸率大、质量小、施工方便，但操作技术要求较严格，耐穿刺性和耐老化性能不如刚性材料。同是柔性材料，卷材为工厂化生产，厚薄均匀，质量比较稳定，施工工艺简单，工效高，但卷材搭接缝多，接缝处易脱开，对复杂表面及不平整基层施工难度大。而防水涂料其性能和特点与之恰好相反。同是卷材，合成高分子卷材、高聚物改性沥青卷材和沥青卷材也有不同的优缺点。故而，在选择防水材料时，必须注意其性能和特点。

（2）建筑物功能与外界环境要求

在了解各类防水材料的性能和特点后，还应根据建筑物结构类型、防水构造形式以及节点部位外界气候情况（包括温度、湿度、酸雨、紫外线等）、建筑物的结构形式（整浇或装配式）与跨度、屋面坡度、地基变形程度和防水层暴露情况等决定相适应的材料。

（3）施工条件和市场价格

在选择防水材料时，还应考虑到施工条件和市场价格因素。例如合成高分子防水卷材可分为弹性体、塑性体和加筋的合成纤维三大类，不仅用料不同，而且性能差异也很大；同时还要考虑到所选用的材料在当地的实际使用效果；还应考虑到与合成高分子防水卷材相配套的胶粘剂、施工工艺等施工条件因素。

145. 防水卷材施工对气候条件有什么具体的要求？

进行防水卷材施工，对气候条件有下列要求：

（1）天气　雨、雪、冰冻天禁止施工；雾、霜天，应待雾、霜退去，基层晒干后方可施工；施工中遇到雨雪时，为避免雨、雪水侵入防水层，应做好卷材周边的防护工作。

（2）风力　五级及以上大风天气不得施工，风大，卷材不易铺展；大风刮起的砂粒会粘附在基层上，影响卷材的粘结；胶粘剂不易喷涂；操作人员也不安全。

（3）气温　气温高于35℃时，施工尽量避开中午，可早出工、晚收班；热熔法施工气温不宜低于－10℃。

146. 建筑外墙饰面为什么禁止使用锦砖（马赛克），限制使用墙面砖？

马赛克分为玻璃马赛克和陶瓷马赛克，生产的时候都要消耗大量的能源，同时，它们用在外墙饰面上存在的不足之处是：一是由于马赛克和面砖造价高、工效低、自重大；二是由于施工基层处理及铺贴方法不当等原因，在我国多次发生外墙马赛克、面砖脱落，甚至连同基层一起坠落、砸伤路人的事故；三是由于贴面的水平缝隙如果处理不当会造成墙面渗水。因此，马赛克在江苏省被禁止使用，外墙面砖限制使用。江苏省提倡外墙面采用涂料饰面。

147. 为什么要推广新型建筑涂料？

与马赛克、墙面砖相比，新型建筑涂料具有生产耗能少、材料质量轻、色彩丰富、施工方便、容易翻新等优点。瓷砖等材料色彩单一，施工后不但会增加建筑物重量，且老化后易剥落，易出伤人事故。所以，要大力推广新型建筑涂料。

148. 什么是质量合格的建筑外墙涂料？

符合相应质量标准要求的建筑外墙涂料为合格的建筑外墙涂料。目前我国有两个国家标准 GB/T 9757—2001《溶剂型外墙涂料》，GB/T 9755—2001《合成树脂乳液外墙涂料》，合格品的技术要求见表148。

外墙涂料合格指标表　　　　表 148

项　目	GB/T 9757—2001	GB/T 9755—2001
容器中状态	无硬块、搅拌后呈均匀状态	无硬块、搅拌后呈均匀状态
施工性	刷涂二道无障碍	刷涂二道无障碍
干燥时间(表干)(小时)	≤2	≤2
涂膜外观	正　常	正　常
对比率(白色和浅色)	≥0.87	≥0.87
耐水性	168(小时)无异常	96(小时)无异常
耐碱性	48(小时)无异常	48(小时)无异常
耐洗刷性（次）	≥2000	≥500
耐沾污性	≤15%	≤20%
涂层耐温变性(5次循环)	无异常	无异常

149. 为什么劣质建筑内墙涂料不能用？

有的低价内墙涂料(106)使用的是很易溶于水的水溶性聚合物，虽然能够成膜，但遇水立即溶解，极不耐擦洗，也就是沾水擦几下就擦掉了，更差的涂料干擦几下就掉光了，这种质量的内墙涂料根本无法使用。

150. 为什么禁止使用聚乙烯醇缩甲醛胶(107)系列涂料，禁止使用107胶作为瓷砖胶粘剂？

聚乙烯醇是水溶性聚合物，在制作涂料或胶粘剂过程中需要和甲醛缩合以提高其性能。由于缩合并不完全，会有较多含量的甲醛单体游离，在生产使用过程中游离的甲醛会对人体健康有很大伤害（如刺激呼吸道、影响身体机能，尤其血液方面），所以禁止使用。

151. 为什么要淘汰螺旋升降式铸铁水嘴，采用陶瓷片密封水嘴？

螺旋升降式铸铁水嘴使用不方便，密封性较差，易漏水并且不耐磨。而采用陶瓷片密封水嘴，以上的缺点都克服了。

152. 卫生间为什么要淘汰冲洗量大于9升的洁具，推广应用冲洗量小于6升的洁具？

淘汰冲洗量大于9升的洁具主要是为了节约用水，只要采用设计合理的卫生洁具，小于6升的冲水量已能满足使用要求。

153. 为什么要限制使用屋顶混凝土水箱，推广不锈钢水箱和玻璃钢水箱？

屋顶混凝土水箱自重大，增加了对结构承载力的要求，增加了造价，另外，混凝土水箱维修、清洗都很困难，水质得不到保证；而不锈钢和玻璃钢水箱具有自重轻、施工和维护方便等优点，而且能保证水质。一般农房可不设置屋顶水箱。

154. 室内给水禁止使用镀锌管，推广使用新型塑料管材的意义何在？

由于镀锌管在使用若干年后会锈蚀，特别是市场上供应的镀锌管大多采用冷镀锌管，会产生有害物质，出现黄色锈水，严重影响水质。而采用新型塑料管材,如 PP-R 管材,性质稳定,质量可靠,安装方便,是目前推广应用的方向。

155. 排水禁止使用铸铁排水管,推广使用塑料排水管的意义何在?

铸铁排水管易生锈,寿命短,内壁不光滑,排水阻力大,安装不方便,而且造价成本高。而塑料排水管具有内壁光滑、化学性质稳定、成本低、安装方便等特点,所以推广使用。

156. 室内装饰装修用人造板及其制品中甲醛限量值有怎样要求?花岗石、建筑陶瓷、石膏制品等建筑材料放射性核素限量有何规定?

室内装饰装修用的人造板及其制品,如果甲醛含量高,释放量大会对人体有很大的危害。国家标准《室内装饰装修材料及其制品中甲醛释放限量》(GB 18580—2001)有严格的规定,所用人造板及其制品应经有资质的检测机构进行检测,符合标准后方可使用。

表 156 为人造板及其制品中甲醛限量值。

人造板及其制品中甲醛限量值　　　　　　表 156

产品名称	限量值	使用范围
中密度纤维板、高密度纤维板、刨花板、定向刨花板等	≤9mg/100g	可直接用于室内
	≤30mg/100g	必须饰面处理后可允许用于室内
胶合板、装饰单板贴面胶合板、细木工板等	≤1.5mg/L	可直接用于室内
	≤5.0mg/L	必须饰面处理后可允许用于室内
饰面人造板(包括活灵活现纸层压木质地板、实木复合地板、竹地板、活灵活现胶膜纸饰面人造板等)	≤0.12mg/m^3	可直接用于室内
	≤1.5mg/L	

花岗石、建筑陶瓷、石膏制品等建筑材料放射性要求在国家标准《建筑材料放射性核素限量》(GB 6566—2001)中有规定,用于民用建筑的内饰面装饰材料中天然放射性核素镭-226、钍-232、钾-420 的放射性比活度同时满足 $I_{Ra}\leqslant1.0$ 和 $I_r\leqslant1.3$ 时,使用范围可不受限制(I_{Ra}为内射指数,I_r为外照射指数)。

157. 木材为什么要防腐、防虫蛀？怎样防治？

俗话说,"干千年,泡万年,半干半湿两三年",这概括了木材使用和防腐的重要性。木材腐朽,是由于木材本身的湿度、空气、温度、养分等适合木腐菌生长条件产生的。干木不再吸湿受潮,泡在水中的木材缺氧,都能使木材经久不腐,而半干半湿的木材,木腐菌能侵蚀繁殖,降低使用寿命。

防治方法:一是,使木材经常处于通风干燥的条件下。例如,在屋架和大梁支座下设防潮层,木柱下设柱墩,严禁将木柱直接埋入土中,房屋隐蔽部分设通风洞,露天结构构造上无积水,构件之间留有空隙等。二是,对于经常或周期性受潮的结构,采取化学防腐措施。例如,露天结构内排水檩条的端节点处,檩条、搁栅等木构件直接与砌体或混凝土接触的部位,常用防腐剂处理。

158. 为什么木材要干燥？

新伐树木的含水率高达 35%～120%,制作构件木材的含水率,原木方木最大不得超过 25%,板材在 18% 以下,板销木键不得大于 15%。控制含水率不仅能提高木材本身的强度,而且能防止腐朽、变形、弯曲,并延长其使用寿命,因此,木作工程必须提前备料,进行干燥处理。

159. 为什么木材多用来作承受顺压和抗弯的构件,而不宜作受拉构件？

木材的顺纹抗压和抗弯强度比较大,受疵病影响抗拉强度小,工程中经常用作承受压、弯的构件,但很少用作受拉构件,主要是抗拉强度受木材疵病影响大,往往强度很低。同时,作为受拉构件的端头往往由于受横压等作用而提前破坏,使受拉构件不能发挥其作用。

160. 常用建筑外墙、内墙装饰材料有哪些?

建筑工程上按使用贴面材料和工艺不同,常用外墙装饰材料分以下几类:

(1)镶面类,如大理石板、花岗石板、面砖、陶瓷锦砖、玻璃锦砖、水磨石板等。适用于高级建筑的外墙、柱、勒脚或墙裙饰面。

(2)石碴类,如水刷石、干粘石、剁斧石等,多用于一般中、高级建筑的外墙、柱、勒脚饰面。

(3)砂浆类,如水泥砂浆(用作拉毛灰、甩毛灰)、聚合物水泥砂浆或水泥浆(用作喷漆、滚涂、弹涂),适用于一般民用或公用建筑的外墙饰面。

(4)色浆涂料,如水泥色浆、乳胶漆,适用于一般的外墙饰面。

常用的内墙装饰材料有以下几类:

(1)贴面类,如大理石板、花岗石板、瓷砖、陶砖锦砖、水磨石板等。大理石板、花岗石板、水磨石板适用于高级建筑的大厅、墙裙、柱、地面的饰面;釉面砖和陶瓷锦砖适用于厕所、浴室、厨房、地面的饰面。

(2)裱糊类如纸基塑料壁纸、聚氯乙烯薄膜复合壁纸和玻璃纤维布等。适用于宾馆、住宅门厅、卧室、走廊内墙的饰面。

(3)涂料类如石灰浆、大白浆、油漆、乳胶漆等。适用于一般建筑内墙涂刷饰面。

161. 室内装修污染主要有哪些?对人体有何伤害?

建筑装修污染主要有五种有害物质,其来源及危害如下:

(1) 氡。主要来源：以岩石、土壤为原料的砖、水泥、石灰都可能存在放射性氡，以废矿渣、煤渣等制成的砖，以放射性水平较高的地区取的土烧制的卫生洁具、地砖等都可能使放射性氡气含量上升。

危害性：氡是镭系、钍系、钾系放射性元素经一系列衰变后产生的气体，极易吸附在微粒上，经呼吸进入人体可沉积在肺部，对人体造成伤害。主要是可能导致发生肺癌。

(2) 甲醛。主要来源：就建筑和装修而言，甲醛主要来源于胶粘剂(各种板材由于大量使用了胶粘剂，都会释放一定的甲醛)、建筑制品、油漆涂料，另外，某些泡沫树脂隔热材料中也可能释放出一定量甲醛。另外，杀虫剂、消毒剂、化妆品等都可能释放甲醛，燃料燃烧也可能产生甲醛。甲醛在室内的含量还与环境因素有关，尤其是与温度、通风情况有很大关系，与装修后使用年限也有很大关系。

危害性：刺激作用，刺激呼吸道、眼。一般地说，浓度越高，刺激作用越明显；致敏作用，可引起过敏性皮炎、包斑，吸入较高浓度甲醛时，可诱发支气管哮喘；其他作用，高浓度甲醛环境下可能引起基因突变，有可能导致癌症等其他病变。

(3) 苯。主要来源：苯在工业中主要用于涂料、橡胶、皮革工业等的溶剂，也可作为人造板材、装饰材料的胶粘剂。因此，苯在建筑和装修业中主要来源于涂料。

危害性：刺激皮肤、眼睛、上呼吸道；引起各种疾病，如：再生障碍性贫血、白血病等。

(4) 总挥发性有机化合物(TVOC)。主要来源：WHO(世界卫生组织)定义挥发性有机化合物(VOC)是指在常温常压下，沸点在50～260℃的各种有机化合物。挥发性有机化合物是重要的室内空气污染物，目前已鉴定出300多种，如甲苯、二甲苯等，它们各自浓度往往不高，但若干种VOC共同存在于室内时，其联合作用是不可忽视的，由于它们种类多，单个组分的浓度低，常用总挥发性有机化合物(TVOC)来表示各类挥发性有机化合物的总浓度。VOC 的来源与甲醛类似。

危害性：一般来说，挥发性有机化合物可能引起皮肤黏膜的刺激，影响免疫系统、消化系统等。

(5)氨。主要来源：建筑上和装修上用尿素作为水泥及涂料的防冻剂，这些尿素会释放大量的氨，污染室内空气。

危害性：氨有很强的刺激性，可引起眼睛和皮肤的烧灼感，严重时可引起支气管痉挛和肺气肿。

162. 建筑中常用涂料有哪些？其特性用途是什么？

油脂漆中常用品种有：(1)清油。由精制干性油经加工后掺入催化剂制成。干燥快、漆膜柔韧，但易发黏，耐久性较差。常用来调合厚漆和红丹防锈漆，也可单独涂刷于物件表面。(2)厚漆，又称铅油。是精制干性油、颜料和填充料经研磨制成的稠厚浆状涂料。漆膜较软，干燥慢，在湿热气候下易发黏，可用清油调制配色。用于要求不高的木材面、墙面打底用。(3)调合漆。是由精制干性油、颜料、填充料、催干剂和溶剂等配合而成。有各种颜色，耐候性较好，漆膜较软，渗漏性好，施工方便，使用最广。适用于室内外金属木材及抹灰面。另有一种无光调合漆，漆膜反光少，色泽柔和，较耐久，能耐一般水洗，适用于室内墙面。

树脂漆中常用品种有：(1)天然树脂漆。系将虫胶溶于乙醇中而成。漆膜光亮，能显露木材花纹，但耐久性稍差，受热烫易生白斑，只限于室内家具、木窗使用。(2)合成树脂漆。系由合成树脂、油料、溶剂、催干剂等配合而成。常用的有酚醛清漆、醇酸清漆，前者干燥快，漆膜坚硬，耐水、耐化学腐蚀，光泽好，可显底色木纹。但易泛黄，发脆，用于涂刷木家具。后者耐候、保光性、耐久性、附着力好，但漆膜较软，耐碱和耐水性差，可用于室内外金属和木材表面。(3)磁漆。系油脂树脂漆中加入无机颜料而成。漆膜坚硬平滑，可呈各种色泽，附着力强，耐候性和耐水性较好，适用于室内外木材和金属表面。(4)喷漆。

系由硝化纤维、合成树脂、颜料、溶剂、增塑剂等制成。采用喷涂法施工，漆膜光亮平滑，坚硬耐久，色泽鲜艳，适用于室内外金属和木材表面。

乳胶漆目前国内生产的品种有：聚醋酸乙烯乳胶漆、丁苯乳胶漆、丙烯酸乳胶漆和各种共聚物乳胶漆，如氯-偏乳胶漆等，使用最普遍的为聚醋酸乙烯乳胶漆。此外尚有防锈漆，用于钢铁表面的防锈。

163. 涂料的外观质量要求是什么？

涂料使用前要对质量进行检查，如发现变质、包装破损、锈漏或质量可疑时，应进行具体检验，必要时应送化验部门检验。对涂料的外观检验的质量要求是：清油颜色为淡黄、清彻透明，无浮游杂质。厚漆、调合漆、磁漆、防锈漆等质地应细腻，颜色调拌均匀，表面浮有油质，无结皮硬化团块存在。清漆应呈黏性液体，清彻透明，无杂质、浮渣。粉料的颗粒应细匀，无杂质和受潮成粒、结块现象。稀释剂应清彻、纯净，不含有杂质、水分，不混有其他非相同性质的溶剂。

164. 涂料的选用应注意些什么？

涂料的品种繁多，其性能和用途也各异，施工中，应根据不同情况恰当地选用涂料品种，对提高涂层的耐久性和降低成本均有很重要意义。在涂料选用时，一般应考虑以下各点：

（1）根据被涂物体基层的材质来选择涂料，涂层与被涂材料之间要有良好的润湿性和结合力，两者热胀系数应相近。如油性防锈漆只能用于钢铁基层的涂刷，而不能用来涂刷铝及其他合金物体的表面，否则会很快脱落，铝表面应采用锌黄防锈漆。

（2）根据被涂物件的使用环境来选择涂料的品种。如在酸性介质作用下，要选用耐酸性较好的酚醛清漆；在碱性介质作用下，要选用耐碱性较好的环氧树脂漆，其他如需耐水、耐油、耐磨、耐溶剂、绝缘防潮、防霉、耐热、防盐雾、耐候、防污染等，都应选用相应的涂料。

（3）根据被涂物体颜色和光泽美观要求选择涂料。如室内用油漆要求色泽鲜艳，与周围环境色彩调和，给人以舒适、柔和、美观的感觉。室外用油漆则要求光亮和耐候性好。

（4）根据用途不同来选择涂料。分装饰性和保护性涂料两种。对家具及室内细木制品，应选用表面光亮平滑，经久耐用的油漆；对设备及钢结构，则主要防止金属表面锈蚀，而对装饰要求不高，可选用一般防腐蚀性好的油漆。

（5）根据环境和使用温度条件来选用不同涂料。如磁漆耐候性差，不宜用于室外涂饰，硝基漆不能在高温（大于70℃）环境中使用。

（6）根据使用期限来选用涂料。对一般建筑可选用油脂漆；对较高级的可选用树脂漆；对用来起临时性保护作用的涂层，不宜选用耐久、价格昂贵的油漆。

（7）注意涂料的配套性。即底漆、腻子、面漆和罩光漆应采用同一类的品种，以保证彼此之间有较强的附着力。

（8）注意经济节约。既考虑油漆成本一次施工费用，又要考虑涂层使用期限长短以及表面处理、施工操作等费用。

165. 饰面石材有哪几类？

建筑装饰用的饰面石材主要有大理石、花岗石和石灰石三大类。大理石主要用于室内，花岗石主要用于室外，均为高级饰面材料。石灰石则一般用于建筑立面的局部或用于混凝土的骨料。用花岗石作室外饰面装饰效果好，但造价高，因而只能用于公共建筑和装饰等级要求高的工程中。

166. 为什么大理石不宜用在室外？

大理石的主要成分是碳酸钙，若在室外使用，遇到酸雨时会发生化学反应，对大理石表面进行侵蚀，影响其性能和美观。

167. 为什么釉面砖只能用于室内，而不能用于室外？

釉面砖是多孔的精陶坯体，在长期与空气中的水分接触过程中，会吸收大量水分而产生吸湿膨胀的现象。由于釉的吸湿膨胀非常小，当坯体湿膨胀增长到使釉面处于拉应力状态，特别是当应力超过釉的抗拉强度时，釉面产生开裂。如果用于室外，经长期冻融，会出现剥落掉皮现象。故而釉面砖只能用于室内，而不能用于室外。

168. 外墙面砖的脱落原因和解决措施是什么？

外墙面砖的脱落大体有两种情况：一是由于砂浆的粘结力不够或砂浆的薄厚不匀，造成收缩不一而导致墙面砖自身脱落；二是由于盐析结晶的破坏作用，使基层面的粘结性变差而导致墙面砖与底面的砂浆一起脱落。此时，当外墙面的上部受到这种作用时，由于在裂缝起壳处会积聚水分，水结冰后体积膨胀，使裂缝和起壳的范围不断扩大，就会发生大片脱落现象。

解决的措施首先是控制好施工中的各个环节，提高施工镶贴的质量。例如将基层面清洗干净，以保证砂浆和基层的粘结力。其次是采用优质的粘贴剂，提高粘贴强度，使其抗拉粘结强度$\geqslant 1MPa$。最后是严格控制墙面砖的吸水率。当其吸水率控制在8%以下时，则可有效地避免墙面砖的脱落。

六、施工技术

169. 农村住宅施工前对场地开挖的一般要求和方法有哪些？

（1）清理场地。开始施工前应先清理场地，清除垃圾、杂草、树木、土墩等，以便放线挖土。位于新建住宅下面的树根，必须连根拔除；如遇沟、塘、墓坑等应清除淤泥后，分层回填黏土或砂石，并按每层不大于 300mm 厚度分层夯实。

（2）三通一平。场地应基本平整，先做到路通、水通、电通，场地内积水必须排除，并做好场地的排水设施，以便工程顺利施工。

（3）定位放线。场地清理后，根据住宅总平面图定出住宅位置，设置龙门板（见图 169）；根据住宅平面图划灰线，定出建筑

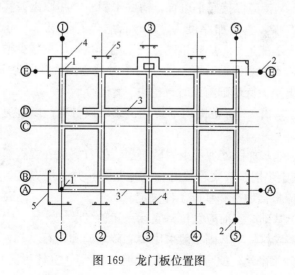

图 169 龙门板位置图

物主要轴线，放出墙、基础位置。同时定出住宅的有关标高。放线尺寸的允许偏差为±5mm(长、宽不大于 30m)。

170. 农村住宅基础施工应注意哪些问题？

（1）开挖基槽应注意邻近建筑物的稳定性（一般应满足相邻建筑基础底面标高差 ΔH 除以相邻基础边缘的最小距离 l 在 0.5~1.0 之间，淤泥质土除外）（见图 170）；注意槽底是否有障碍物或局部软弱地基，必要时应进行地基加固处理。

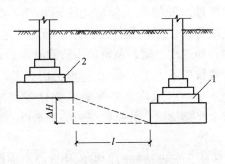

图 170　相邻基础基槽图

（2）基槽应保持底平边直，槽底不积水，并原土夯实，如基土表面有水，应增加厚度为 10cm 石屑碎石垫层，并夯入基土内。挖土不能过早，应接近基础施工前开挖，尽量减少槽底暴露时间，如不能立即进行下一工序施工时，应预留厚度为 15cm 以上覆盖土层，待基础施工时再挖去。

（3）基槽边 1m 范围内不得堆土或堆放材料，以避免直立壁坍塌。

（4）地基加固处理可采用砂垫层、砂石垫层（或石屑碎石垫层）、灰土垫层、灰浆碎砖三合土地基等，并分层夯实。具体加固方法应根据地基和基础条件决定。

（5）基础施工前应复核基底标高和轴线尺寸。

（6）农村住宅基础一般采用实心砖基础和毛石基础，基础应用水泥砂浆砌筑，配合比可采用水泥∶砂＝1∶3(体积比)。

(7) 砖基础宜采用一顺一丁或满丁满条砌筑,竖缝错开1/4砖长;十字和丁字接头应隔皮砌通;第一皮和顶上一皮均用丁砖铺砌。

(8) 基槽回填前,应清除基槽内的积水和有机杂物;基础砌完后应达到一定强度,不致因填土而受损伤时,方可回填;用黏土回填,应在基础两侧分层夯实。

(9) 地基与基础施工中常见的质量通病如下:

① 地基加固处理的砂石或碎石的级配不符合要求,石子之间的孔隙不实;

② 垫层的体积比不符合要求;

③ 基槽积水不抽干,回填土不分层夯实,而是采取水泡或自沉实;

④ 基础的砌筑砂浆不符合要求,达不到强度等级;

⑤ 毛石和碎石里有风化石,强度达不到要求。

171. 基槽挖土时槽底施工宽度应取多大尺寸?

槽底施工宽度＝槽底设计宽度＋工作面宽度

其中工作面宽度:当为块石基础时,应为基础底面每侧放宽150mm;当为砖基础时,应为基础底面每侧放宽200mm;当为混凝土基础时,应为基础底面每侧放宽300mm。

172. 对发现有异常的地基,应如何进行处理?

地基局部处理方法的原则是使所有地基土的硬度一致,即当承受上部结构荷载时使其土壤的压缩量一致,避免使建筑物产生不均匀沉降。常用的处理方法有以下三种:

(1) 松填土坑、墓穴、淤泥的处理。一般应挖出松软土或淤泥部分,直至露见天然土为止,然后用与坑底的天然地基土性质(压缩性)相近的土,分层回填夯实。如遇坑底有积水无法排干时,可用砂石混料或混凝土(C10)回填。

(2) 废井的处理。如遇废井(砖、石或土井)在基槽(坑)中间时，可将井圈及井内松填土全部挖除至槽(坑)底以下1m处，然后用3∶7灰土分层夯填至槽(坑)底。如果井内有地下水时，则可用粗砂、卵石、块石、碎砖等分层夯填至地下水位以上0.5m处后，再用3∶7灰土分层夯填至槽(坑)底为止。

(3)"橡皮土"的处理。当遇黏性地基土，其含水率很大趋于饱和状态时，夯拍时有颤动感(弹性)现象，不能再夯实的土俗称"橡皮土"。可采用晾晒或掺生石灰粉后使其降低含水率的办法进行夯实。也可将"橡皮土"挖除，再回填砂或级配砂石夯实回填。

173. 怎样做好基槽(坑)或室内地坪(房心)的回填土方？

(1)基槽(坑)回填前，应清除填方基底上的树根及积水、淤泥和杂物等。基底为耕植土或松土时，应夯压密实。

(2)在建筑物地面以下(房心)的填方或厚度小于0.5m的挖方，应清除基底上的草皮、垃圾和软弱土层。

(3)基础砌体砌筑完毕后应及时回填土方，但必须待砌体达到一定强度，不致因填土而受损伤时，方可回填土方。

(4)地下设施(如上、下水管道，电线电缆等)两侧、四周及上部的回填土，应先对地下设施进行检查，办理验收手续后方可回填。

(5)基槽(坑)用黏土回填时，要防止因填土夯实将基墙挤偏，故应在基础两侧或四周同时分层进行夯实，并尽量采用同类土填筑。

174. 怎么做墙身防潮层？

(1)基础防潮层，宜用1∶2.5的水泥砂浆加3‰～5‰的防水剂铺设，其厚度一般为20mm。非抗震设防地区也可以用防水卷材做基础防潮层。

(2)抗震设防地区建筑物，不应用油毡作基础墙的水平防潮层，因为这会在该处形成砌体间的分隔现象，对砌体抗震能力产生不利影响。

（3）水平防潮层设置在室内地坪混凝土结构层处。

（4）不能用防水涂料做基础防潮层，因其上的砌筑砂浆中的水泥在水化热过程中放出强碱与防水涂料中的酸起化学反应，破坏了防水涂料层而起不到防潮作用。

175. 什么是皮数杆？有何作用？

皮数杆是用 50mm×70mm 的方木制成，长度大于一个楼层的高度，它是一层楼砌墙体的标志杆。其上画有每皮砖和灰缝的厚度，以及门窗洞口、过梁、圈梁、大梁底和楼板等高度位置。它的作用是用以控制墙体竖向尺寸及各部位构件的竖向标高，并保证灰缝厚度的均匀性。

176. 砌体结构墙体施工时应遵守哪些原则？

（1）在砌完基础或每一楼层后，应校核砌体的轴线和标高。在允许偏差范围内，砌体轴线和标高的偏差，可在基础面或楼板面上予以校正。

（2）墙体施工应在地基或基础工程验收合格后，方可施工。

（3）墙体砌筑前，应先将基础、防潮层、楼板等表面的砂浆和杂物清除干净，并浇水湿润，以保证铺设的砂浆能很好粘结。

（4）砌体临时间断处的高度差，不得超过一步脚手架的高度1.8m。

（5）设计要求的洞口、管道、沟槽和预埋件等，应于砌筑时正确留出或预埋。宽度超过 30cm 的洞口，应砌筑平拱或设置过梁。砌体中的预埋件应做防腐处理。预埋楔形木砖的木纹应与钉子垂直，并刷水柏油进行防腐处理。

（6）不得在下列墙体或有关部位中设置脚手眼：

① 12cm 厚砖墙、料石清水墙和砖、石独立柱；

② 过梁上与过梁成 60°角的三角形及过梁跨度 1/2 范围内；

③ 宽度小于 1m 的窗间墙；

④ 砖砌体的门窗洞口两侧 18cm 和转角处 43cm 的范围内；

⑤ 石砌体的门窗洞口两侧 30cm 和转角处 60cm 的范围内；

⑥ 设计不允许设置脚手眼的部位；脚手眼在装饰抹灰施工前，应采用 1：3 水泥砂浆或 C15 细石混凝土填嵌密实。

(7) 砌体表面的平整度、垂直度、灰缝厚度及砂浆饱满度等，均应随时检查并校正所发现的偏差。

(8) 搁置预制过梁的墙顶面应用 1：2.5 水泥砂浆（水泥：砂＝1：2.5 体积比）找平，并应在安装时坐浆，其搁置长度不小于 240mm，钢筋混凝土过梁用于可能产生不均匀沉降的房屋。

(9) 砌体的灰缝应横平竖直、砂浆饱满。水平灰缝厚度和竖向灰缝宽度一般为 10mm，不应小于 8mm，也不应大于 12mm。

(10) 砌筑好的砌体，不得任意挪动砖块或敲打墙面。纠正偏差时，应轻轻拆除，重新砌筑。

(11) 砌体工程施工中常见的质量通病如下：

① 砖不浇水湿润，干砖上墙，导致砖与砂浆之间粘结力差；

② 砌筑砂浆不按配合比配料，砂浆强度达不到设计要求；

③ 砌体组砌错误，不按规定错缝砌筑或采取包心砌法，出现通缝；

④ 砌体水平灰缝砂浆不饱满，饱满度低于 80%，竖缝内无砂浆或砌体内外缝表面有砂浆，中间是空的，出现瞎缝或空缝；

⑤ 砌筑时随意留槎，且多留置阴槎，槎口部位用断砖砌筑，砂浆不密实，灰缝不顺直；

⑥ 抗震设防地区不按要求在构造柱、墙转角处和纵横墙相交处设置拉结钢筋；

⑦ 阳台扶手、栏杆与主体连接不牢，表面出现裂缝、空鼓；

⑧ 木门窗洞口处木砖少放、漏放、顺放及木砖不进行防腐处理，而导致木门窗松动；

⑨ 补脚手眼时，未填塞密实，尤其是外墙出现渗漏现象。

177. 门窗洞口如何留设木砖或水泥砂浆预制块?

门窗采用后塞口(安装)时,砌墙时应留设木砖(或水泥砂浆预制块),以便牢固地安装门窗框,不允许直接用射钉将框固定在墙上。木砖(应涂刷沥青防腐)或砂浆预制块留设数量与门窗洞口的高度有关:当洞高≤1.20m时,每侧留 2 块;当洞高≤2m时,每侧留 3 块;当洞高>2m时,每侧留 4 块。

178. 内外墙交接处留槎和加拉结钢筋有哪些具体规定?

(1) 由于墙体砌筑须分段进行,或墙体转角处和交接处不能同时砌筑,而又必须留置的临时间断处应砌成斜槎。斜槎长度不应小于高度的 2/3,临时间断处的高度差不得超过一步架高。

(2) 如果临时间断处留斜槎有困难时,除转角处外,也可留直槎(也称马牙槎),但直槎必须砌成阳槎,并加设拉结钢筋。直槎必须引出墙面半砖以上,并每隔 500mm 沿高度方向加一道拉结钢筋。对于半砖墙厚加 1ϕ6 筋;对于一砖墙厚加 2ϕ6 筋。埋入墙体内长度从留槎处算起,每边不应小于 500mm,末段应有 90°弯钩。

179. 砖墙砌筑时怎样预留构造柱的豁槎和预埋钢筋?构造柱怎样施工?

当砌筑与构造柱相连接的墙体时,按设计规定的位置留设"五进五出"的大马牙槎,从构造柱脚开始砌筑,应先退后进。退进尺寸均为 60mm,上下顺直。每一马牙槎沿墙高方向的尺寸为 300mm。

构造柱必须牢固地生根基础或钢筋混凝土圈梁上,并按要求砌入钢筋。沿墙高度每 500mm 设置 2ϕ6 拉结钢筋,每边埋入墙内不小于 1m,末端有 90°弯钩。

构造柱一般设置在建筑物的四角及内外墙交接处,为现浇钢筋混凝土结构形式。柱的断面一般为 240mm×240mm,不应小于 240mm×180mm。应配 4ϕ12 纵筋,箍筋为 ϕ6@200mm。

施工时一定要先砌墙体,然后再支模板和浇筑混凝土。砌筑墙体时应保证构造柱的断面尺寸,支模板应牢固且无缝隙。浇筑混凝土前,应清除干净钢筋上的砂浆块,以及柱内的碎砖杂物后,再支牢模板,放慢速度分层浇筑分层捣实混凝土,以确保施工质量。

180. 为什么对墙体的每天砌筑高度有限制的要求?

砖、石和砌块砌筑的墙体,每日砌筑高度均有如下的限制规定:砖和砌块墙体,晴天每日砌筑高度不得超过 1.8m;砖和石砌体,雨天每日砌筑高度不得超过 1.2m。因为在 1 日之内已砌筑的砌体,其砌筑砂浆未达到一定强度,砂浆与砖、石、砌块之间的粘结力较低,若每日砌筑高度过高,墙体稳定性差,容易坍塌。所以,对墙体每日砌筑高度应加以限制。

181. 怎样砌筑门窗洞口砖墙和安装门窗框?

门窗洞口砖墙分"立樘子"砌筑和"塞樘子"砌筑。

立樘子砌筑是指先立门窗框,后砌筑砖墙的施工方法。此法砌砖时要离开门窗框外边缘 3mm 砌筑,不能将框被砌砖顶死,以免框受挤压而产生变形。砌筑时要经常检查框的位置和垂直度,以便随时纠正,框与墙的固定用埋设在墙中的木砖或水泥砂浆预制块,通过射钉拉结。

塞樘子砌筑是指先砌筑砖墙,并预留出门窗洞口,后安装门窗框的施工方法。此法砌砖时要先在基础砖墙(或楼层楼面标高处砖墙)顶面和窗台标高处砖墙上,按门窗框的宽度用墨斗线弹线(所弹的墨斗线要比门窗框外包尺寸每边均宽 20mm),并根据门窗框高度在砌墙时安设木砖或水泥砂浆预制块。待塞(安装)门窗框时,用射钉从框中打入木砖或预制块,使其拉结固牢。木砖埋设的数量规定:当洞口高度在 1.2m 以内者,洞口每侧放 2 块;当洞口高度在 1.2~2m 者,洞口每侧放 3 块;当洞口高度在 2~3m 者,每侧放 4 块。预埋木砖的安放位置(部位)是"上三下四,中间均布"放置。

推拉门、金属门窗,不必埋设木砖或预制砂浆块,可按设计图纸要求在砌墙时砌入预埋钢件,或预留安装洞口。当门窗洞口的砖墙砌筑到洞口顶面高度时,还要砌筑砖发券或设置钢筋混凝土过梁。

182. 砖墙砌筑至梁底或楼板底部时,其墙顶砌体应如何处理?

砖墙砌筑至梁底或楼板底部时,此时墙体顶面砖应用丁砖层砌筑,其目的是为了保证墙体受力均匀。如果是现浇钢筋混凝土楼板,且直接支承在砖墙上,则砖墙砌筑时应砌低一皮砖,以使楼板支承处混凝土加厚,支承点得到加强。如果是预制钢筋混凝土楼板,则在楼板安装之前,墙顶面要用水泥砂浆找平,并在楼板安装时坐浆饱满,使楼板放稳摆平。

隔墙和填充墙的顶面与楼板或梁底接触处,在墙体砌筑完成3~5天之后,宜用侧砖或立砖斜砌挤紧,目的是待砌体下沉稳定后再砌筑。

183. 砌体施工质量的突出问题有哪些?

(1) 砌筑砂浆使用前不试配,使用时不计量。砌筑砂浆使用前必须经实验室试配,砂浆强度等级要按设计强度等级提高15%。拌合时要计量(重量比)配合比,搅拌均匀后使用。

(2) 组砌方法错误。不按施工规范要求砌筑砌体,随意采用错误的组砌方式砌筑。

(3) 纵横墙接槎不牢固。某些工程是先将一楼层的外墙砌至平口,然后再转至砌筑内墙,所有内外墙交接处均留直槎,也不加设拉结钢筋,这对建筑物的整体性影响很大。

(4) 水平灰缝砂浆不饱满。砂浆饱满度对砌体强度和整体性有直接关系。

(5) 干砖上墙砌筑。干砖砌筑使砂浆中的水分很快地被砖吸去,造成砂浆失水过多而不能保证水泥水化所需要的水分,影响砂浆强度增长。

(6) 砌体不交圈。某些工程砌砖砌体时不设置皮数杆，灰缝厚薄失控，忽大忽小，致使纵横墙不能交圈，甚至高低差悬殊。

(7) 使用不合格的砖砌筑墙体。使用低强度，或欠火和过火的劣质砖来砌筑墙体，必然导致砌体的抗压强度降低。

184. 砌筑工程中常用哪些施工工具？

(1) 砌筑工具

① 瓦刀——重量较轻，使用方便，是用于砌筑和砍砖的主要工具。

② 大铲——用于铲灰（砂浆）、铺灰和刮灰，是砌筑的主要工具。

③ 托线板与线锤——用于检查砌体垂直度和墙面平整度的工具。

④ 钢卷尺——长度一般为 30m，用于检查砌体中线、标高及半成品安装的工具。

⑤ 砌墙线——采用麻线或棉线，也有用尼龙线。砌墙时用于控制水平灰缝和墙面平整度的工具。

(2) 运料工具及其他工具

主要包括：运砖车、双轮手推砂浆车、存放砂浆灰桶、运砖钢筋夹子、磅秤、筛子、铁铲和灰耗等。

185. 墙体砌筑对砂浆有什么要求？

(1) 墙体砌筑砂浆的强度等级宜采用 M5 的水泥混合砂浆。不得采用泥浆作为砌筑砂浆。

(2) 砂浆应有良好的保水性。严禁使用脱水硬化的石膏。

(3) 砂浆应采用机械拌合。拌合均匀，拌合时间不少于 120 秒，掺用外加剂砂浆不少于 180 秒（砂浆中掺外加剂等必须经过试验方可使用）。如砂浆出现泌水现象，应在砌筑前重新拌合。

(4) 砂浆应随拌随用。水泥砂浆和水泥混合砂浆必须分别在拌成后3小时和4小时内用完;如施工期间温度超过30℃,必须分别在2小时和3小时内用完。

(5) 砂浆强度等级应以标准养护、龄期为28天的试块抗压试验结果为准。每一楼层(基础砌体按一个楼层计)或250m³砌体中的各种强度等级的砂浆,每台搅拌机应至少检查一次,每次至少应制作一组试块(每组6块),如果砂浆强度等级或配合比变更时,还应制作试块。

186. 砖砌体施工前对砖浇水湿润有什么规定?

(1) 砌筑砖砌体前,普通砖、空心砖应提前1~2天浇水湿润,含水率宜为10%~15%(现场检测时可把砖砍断,四周湿印为15毫米即可);灰砂砖、粉煤灰砖含水率宜为5%~8%。含水率以水重占干砖重的百分数计。不得干砖上墙砌筑。

(2) 当施工间歇完毕重新砌筑时,应对原砌体顶面洒水湿润。

187. 砖砌体砌筑时的一般规定有哪些?

农村建房应提倡采用新型墙体材料,限制采用实心黏土砖。在砌筑淤泥烧结砖或页岩模数砖等节能实心砖时,可按照下列要求施工:

(1) 砖砌体应上下错缝,内外搭砌,不得有通缝,灰缝砂浆必须饱满。实心砖墙宜采用一顺一丁、梅花丁、三顺一丁的砌筑形式;特殊砌筑宜采用二平一侧、全顺、全丁的形式砌筑(见图187)。

(2) 砖墙的转角处各皮间竖缝应相互错开,在外墙转角处和砖墙交接处必须砌七分头砖(即3/4砖)。

(3) 砌墙,首先从墙角开始,盘角挂线,对错缝用的七分头砖要求规格整齐,竖缝一致。宜使用机械统一切割加工。

(4) 每层砖墙的最下一皮砖、最上一皮砖及墙身挑出部位的砖层,均应用丁砖砌筑。梁或梁垫下面的砖砌体也应用丁砖砌筑。

(5) 挑檐每层的下面一皮砖应为丁砖,挑出宽度每次应不大于60mm,总的挑出宽度应小于墙厚。

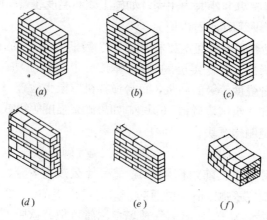

图 187　几种砖砌体砌筑图

(6) 砌筑过程中，应随时检查墙角和墙面垂直度、平整度，及时纠正偏差。

(7) 砌筑门窗洞口应拉通线。先立樘时应校正垂直度及距墙外口距离；后立樘应预埋木砖（木砖应防腐处理），并应根据不同材料的门窗留出规定的间隙，包括墙面不同装饰材料所需要的厚度。

(8) 窗台应用丁砖砌筑，可平砌或立砌（清水墙必须立砌），每边应伸入窗台 1/4 砖。砌窗台时应留出粉刷厚度和泛水坡度，一般里面比外面高出 20~30mm。

(9) 各种管道及附件，必须在砌筑时按要求埋设。

(10) 砖柱不得采用包心砌法；附墙垛应与墙同时砌筑，逐皮搭接长度不少于半砖。

(11) 砖墙、门窗过梁及楼板等的标高可用皮数杆控制，也可用水平仪来控制。根据砖的尺寸和灰缝的厚度计算皮数和排数画在皮数杆上进行控制。纵墙的皮数杆间距不大于 15m。根据皮数杆进行盘角挂线砌筑砌体。

(12) 门窗洞口应根据门、窗的尺寸，在墙体砌筑时预埋实心砌块或木砖（应经防腐处理），以便牢固地安装门、窗；不允许直接用射钉固定门、窗。

188. 砖墙砌筑有哪些具体的砌筑方法？石材砌筑有哪些具体的砌筑方法？

(1) 砌筑实心砖砌体宜采用以下砌砖法：

① "三一"砌砖法(也称满铺满挤)：其砌筑方法是一铲灰、一块砖、一挤揉。

② "二三八一"砌砖法：其砌筑方法是二种步法(丁字步、并列步)(见图188-1)、三种身法(侧身弯腰、丁字步正弯腰、并列步正弯腰)(见图188-2)、八种铺灰手法(砌顺砖有甩、扣、泼、溜；砌丁砖有扣、溜、正反泼、一带二)(见图188-3)、一种挤浆动作(采取"揉"的动作)(见图188-4)。

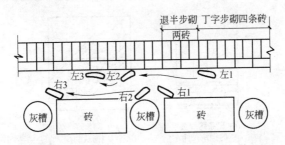

图188-1 二种步法

丁字步弯腰　　丁字步弯腰　　并列步弯腰

侧身弯腰　　侧身弯腰　　丁字步弯腰

图188-2 三种身法

(1) 砌条砖"甩"铺灰动作分解

(2) 砌条砖"扣"的铺灰动作

(3) 砌里丁砖"溜"的铺灰动作

平拉反泼

正泼

(4) 砌外丁砖"泼"的铺灰动作

(5) 砌里丁砖"扣"的铺灰动作

(6) 砌条砖"泼"的铺灰动作

(7) 砌角砖"溜"的铺灰动作

将砖的丁头打碰头灰

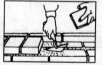
摊铺砂浆

(8) "一带二"铺灰动作(适用于砌外丁砖)

图 188-3　八种铺灰手法

挤浆刮余浆同时砌丁砖

砌外条砖刮余浆

砌条砖刮余浆

将余浆甩入碰头缝内

图 188-4　一种挤浆动作

③铺灰挤浆法：采用灰勺或铺灰器铺灰，每次铺灰长度不得超过 1m，采用单手或双手挤砌。

④刮浆砌砖法：用瓦刀把砌筑砂浆刮在砖上面及侧面，然后翻转砖用力挤揉在砌体上。

(2) 砌筑多孔黏土砖砌体宜采用"四一"砌砖法（即一铲灰、一块砖、一挤揉、添一刀头缝灰）砌筑；采用铺浆法砌筑时，必须挤压，铺浆长度不得超过 500mm，先灌竖向灰缝，再铺水平灰缝，打头缝灰后砌筑。

(3) 砌筑石材砌体应采用铺浆法砌筑。砌筑料石可采取丁顺叠砌、丁顺组砌和全顺叠砌。

189. 在砌体的哪些部位中不得随意设置(预留洞)脚手眼？

(1) 120mm 厚的非承重墙、料石清水墙。
(2) 砖、石砌筑的独立柱。
(3) 宽度小于 1m 的窗间墙。
(4) 梁或梁垫以下及其左右各 500mm 范围内。
(5) 砖砌体的门窗洞口两侧 180mm 范围内，以及砖砌体转角处距角轴线 430mm 范围内。

190. 墙体的哪些部位应采用丁砖砌筑？

(1) 每层楼墙体的最上一皮砖及最下一皮砖；
(2) 梁或梁垫的下面；
(3) 墙身挑出部位的砖层；
(4) 窗台。

191. 墙体留槎有哪些要求？

(1) 墙体的转角处和交接处不能同时砌筑，而又必须留置的临时间断处应砌成斜槎。砌体斜槎的长度不应小于高度的 2/3（见图 191-1）。

(2) 如临时间断处留斜槎确有困难时，除转角处外，也可留直槎，但必须砌成阳槎，并加设拉结钢筋，为每120mm墙厚放置1根直径6mm钢筋；其间距沿墙高不得超过500mm；埋入长度从墙的留槎处算起每边均应不小于500mm，末端为90°弯钩；对抗震设防烈度6度、7度地区每边埋入长度均不应小于1m，末端为90°弯钩(见图191-2)。

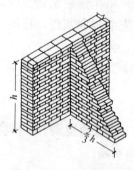

图191-1 斜槎砌筑图

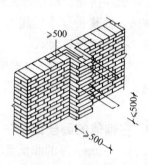

图191-2 阳槎砌筑图

（3）在抗震设防地区，砌筑与构造柱连接的墙体应留大马牙槎，从构造柱脚开始，应先退后进。退、进尺寸均为60mm，上下顺直。每一马牙槎沿墙高方向的尺寸不宜超过300mm。墙与构造柱应沿墙高每500mm设置2根直径6mm拉结筋，每边埋入墙内不小于1m，末端为90°弯钩(见图191-3)。

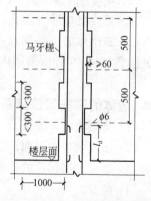

图191-3 墙与构造柱拉结筋设置

192. 如何留置墙间钢筋？

（1）配筋砌体钢筋网应设置在砌体的水平灰缝中，灰缝厚度保证钢筋上下至少各有2mm厚的砂浆层。

（2）砌体内的方格网配筋或连弯钢筋网，不得用分离的单根钢筋代替。连弯钢筋的方向应在相邻的砖层中互相垂直，并沿砌体高度交错设置（见图192-1）。

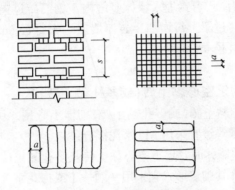

图192-1 砌体钢筋设置图

(3) 组合柱和相连的砖墙，必须同时砌筑，按要求留置凹槽，埋设钢筋。清槽后分层支撑，浇水湿润，方可浇筑混凝土（见图192-2）。

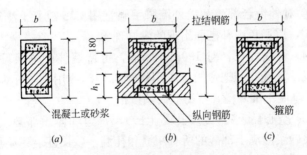

图192-2 组合柱与相连砖墙施工示意图

(4) 承重墙临时留设孔洞，洞口尺寸不应超过 1m×1.8m（宽度×高度），其侧边距交接处的墙身不应小于500mm，洞口顶部应设过梁。在砌筑同时洞口两侧应留拉结钢筋，沿墙高度每500mm各设2根直径6mm钢筋，外露和埋入墙内长度均不小于500mm，末端弯成90°弯钩。

(5) 砌筑钢筋砖过梁，是将成型的钢筋埋入厚度为 30mm 的 1∶3 水泥砂浆层内，钢筋两端各伸入支座砌体内不应小于 240mm，并有 90°弯钩埋入墙体竖缝内。钢筋砖过梁第一皮砖应砌丁砖层。砖过梁上每增加半砖厚墙放一根直径 6mm 钢筋，但不少于 2 根直径 6mm 钢筋。

193. 如何砌筑空心黏土砖(或多孔黏土砖)？

(1) 空心黏土砖(或多孔黏土砖)砌体不宜用水泥砂浆砌筑。砂浆试配强度等级宜采用 M5 水泥混合砂浆。

(2) 砌筑墙体时，承重空心黏土砖及多孔黏土砖的孔洞应垂直于受压面，其砌筑形式宜采用一顺一丁或梅花丁。

(3) 在下述工程部位宜采用普通砖或加构造措施：

① 基础工程、楼、地面处砖墙底部三皮砖及门窗洞口两侧一砖半范围内，应采用普通砖进行实心砖墙砌筑；

② 外窗台挑砖宜用普通砖或预制窗台板；

③ 女儿墙应设置钢筋混凝土压顶；

④ 对外窗台部位和内外墙脚手眼宜用 C15 混凝土浇筑和填嵌密实，以避免由补砌而出现的渗漏现象。

(4) 管线埋设，对 190mm 厚墙，可待墙体的砂浆硬结后，量好尺寸、标高，把弹线位置用切割机切割或用钻子仔细凿槽；90mm 厚墙不准开槽，不得砍砖预留槽。

(5) 空心黏土砖(或多孔黏土砖)，每道墙体顶部必须刮浆，即用稀砂浆灌满上部砖的所有灰缝和孔洞，以保证墙体质量，并减少上部混凝土的漏浆。

194. 为什么不允许砌筑空斗墙？

由于空斗墙中的眠砖和丁砖接触处的中间部分是悬空的，无砂浆粘结，只有两端有砂浆粘结，所以墙体稳定性比实心墙差；另一方面斗砖处是空的，砖与砖之间的砂浆粘结少，抗剪能力差，对抗震不利。所以不允许砌筑空斗墙。

195. 为什么不允许站在墙体上砌墙？

一方面由于墙太窄，人在墙上操作较困难，加上才砌筑的墙体，砂浆还未达到强度，墙体不稳定，容易使人坠落，难以保证人身安全；另一方面，人在墙身上砌墙，难以保证墙体的砌筑质量。所以，不允许站在墙身上砌墙。

196. 石材砌体砌筑时的一般规定有哪些？

（1）毛石砌体砌筑时，石块宜分层铺浆卧砌（大面向下或向上），上下错缝，内外墙搭接处，用较大的毛石搭砌。必要时，应设置拉结石。应用大小不同的石料搭配使用，里外均匀。不得采用外面侧立石块中间填心的砌筑方法，不得有空隙。每皮高度应控制在 300～400mm。墙中不应放铲口石和全部对合石（见图196-1）。

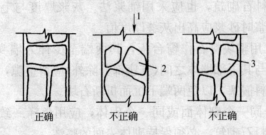

图 196-1

（2）砌毛石墙时，必须将不整齐、不利于石墙之间相互结合的凹凸部分凿除，不得将刀口石直接砌入墙中（见图196-2）。毛石与毛面缝口，必须在同一垂直面上，凹入或凸出的毛面应小于 20mm。

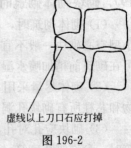

图 196-2

（3）毛石墙拉结石每 $0.7m^2$ 墙面至少设置一块，且同皮内的中距不大于 2m。

（4）毛石墙的第一皮石块及最上一皮石块应选用较大平毛石砌筑（厚度不小于 200mm 的石块），第一皮大面向下，最后一皮大面向上。

(5) 毛石砌体每天砌完 1.2m 砌筑高度后必须找平一次。砌好的砌体应及时覆盖养护，保持湿润。砌筑时，应随时校核砌体的高度。

(6) 毛石基础顶面宽度应比墙体底面宽度大 200mm。梯形基础角度应大于 60°；阶梯形基础每阶高不小于 300mm，每阶挑出宽度不大于 200mm。

(7) 毛石基础第一皮及转角、交接和洞口处，应选用较大的平毛石。

(8) 毛石砌体的灰缝厚度宜为 20～30mm，砂浆应饱满。严禁干摆毛石或在无底灰的基础面上干砌毛石，也不允许只用砂浆填充无石块的砂窝。

(9) 料石砌筑，也应采用铺浆法。灰浆厚度与毛石砌体相同，但铺浆时砂浆应高出灰缝厚度值。

(10) 用整块料石作窗台板，其两端至少伸入墙身 100mm。在窗台板与其下部墙体之间（支座部分除外）应留空隙，并用沥青麻刀等材料嵌塞，以免两端下沉而折断石块。

(11) 同一个砌体面或同一个砌体，应用色泽一致、加工粗细相同的料石砌筑，必须保持砌体表面的整洁。

197. 砌块砌体砌筑时的一般规定有哪些？

(1) 砌体砌筑时，不得使用不足 28 天龄期的砌块。混凝土小型空心砌块一般不宜浇水，但在气候特别干燥炎热的情况下，可在砌筑前稍加喷水湿润。

(2) 砌体尽量采用主规格砌块。砌筑时应先清除砌块表面污物和芯柱所有砌块孔洞的底部毛边。

(3) 砌块应孔对孔，肋对肋错缝搭砌，个别情况无法对孔砌筑时，允许错孔砌筑，但搭接长度不应小于 90mm。如不能保证时，在灰缝中应设拉结钢筋或钢筋网片。

(4) 砌块应底面（带封底）朝上砌筑。若使用一端有凹槽的砌块时,应将有凹槽的一端接着平头的一端砌筑。

(5)砌体全部灰缝均应满铺砂浆。水平灰缝宜用坐浆法铺浆,每次可铺砌两块;为保证竖向灰缝饱满,宜采用竖面平铺砂浆法(即将砌块端面朝上排列),每次两块,于端面上平铺砂浆,再将砌块放置墙上,在操作熟练情况下,也可提刀刮灰,刮到已砌好的砌块墙面上。

(6)砌块的组砌方法应正确,不得有通缝,内外墙应同时砌筑。

(7)墙体的下列部位应按构造措施填实:±0.000以下砌体的砌块全部孔洞;楼板支承处无圈梁时,板下一皮砌块的孔洞;在次梁和悬臂梁悬挑不小于1.2m支承处的砌块孔洞等均应用C15混凝土填实。

(8)严禁在砌好的砌块墙体上开凿洞口或乱打乱凿槽道,木砖和铁件应预制成混凝土制品砌入墙中。

(9)芯柱应采用不封底砌块,以使芯柱能贯通浇灌混凝土。芯柱应插钢筋,并与地圈梁的插筋搭接,同时绑扎固定钢筋,芯柱钢筋应贯穿圈梁和楼板,上下楼层的插筋可分段搭接并绑扎。芯柱插筋操作孔见图197。

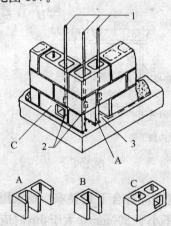

图197 芯柱插筋操作孔图
1—芯柱插筋;2—竖向插筋绑扎;3—清扫操作孔

198. 农村建房中内脚手架搭设有哪些注意事项？

（1）一般规定：

① 砌筑墙体和内装饰可优先采用凳式内脚手架。可用毛竹、木料或角钢、钢筋等制成，马凳一般高度为1.2～1.4m，长度为1.2～1.5m，排放间距1.5～1.8m。还可以采用门架式、支柱式内脚手架。

② 钢马凳的横杆用角钢，其余杆件可用钢筋，以折叠式为好。折叠式马凳有角钢折叠式、钢管折叠式和钢筋折叠式（见图199）。折叠式内脚手架搭设时，砌筑内脚手架门架间距应不大于1.5m；装饰内脚手架间距应不大于2m。

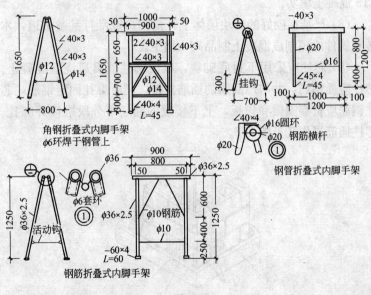

图 199

③ 内脚手架宽度应符合下列要求：砌筑用内脚手架，当距地面小于3m时应不小于800mm，大于3m时应不小于1200mm；装修用内脚手架，当距地面小于3m时应不小于500mm，大于3m时应不小于800mm。

④ 用于砌墙时，脚手板应满铺；用于装修时，通常可铺三块板。

(2) 操作注意事项：

① 木马凳凳腿可用 80～100mm 方木或圆木，凳面 50mm 厚木板；

② 竹马凳凳腿有横杆，用 80～100mm 的竹竿，斜撑用 50～60mm 的竹竿；

③ 内脚手架的基础应夯实、平整，支架和马凳四脚应垫稳垫牢，可设置垫板或木垫；

④ 凳式内脚手架搭设时，靠墙一端的凳脚紧靠墙面，横杆应与墙面垂直；马凳加高时，上下马凳应对齐，上马凳放置于下一步留下的两块通长脚手板上，并在两马凳之间加斜撑，保持稳定。马凳支脚离地 250mm 处应加活动挂钩，以保持稳定。

199. 农村建房中外脚手架搭设有哪些注意事项？

(1) 一般规定：

① 外墙装饰可采用双排竹、木脚手架及双排扣件式钢管脚手架，应优先采用扣件式钢管脚手架(见图 200)。

② 双排扣件式钢管、竹、木脚手架构造参数宜按表 200 选用。

③ 脚手板宜采用竹笆板和钢木组合脚手板。竹笆板长度宜为 1.5～2.5m，宽度宜为 0.3～1.2m；钢木组合脚手板边框宜采用 2 根 L 50×32×3 角钢，脚手板宽度以 300mm 为宜，长度不应超过 4m。脚手板的两端 80mm 处应采用 10 号～14 号镀锌钢丝捆紧在脚手架上。

④ 选择不同用途的竹、木架杆。较粗较直的，可用作立杆；顺直且两头直径大小相近的，可用作纵向水平杆；稍有弯曲的可用作其他撑杆。

⑤ 竹、木脚手架用镀锌钢丝绑扎，先拧一圈后，用绑扎棒轻敲钢丝空鼓处，使其紧贴架杆，然后再拧一至一圈半。

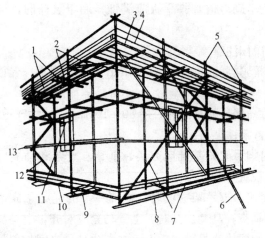

图 200

1—横向水平杆；2—水平斜杆；3—防护栏杆；4—挡脚板；5—外立杆；
6—抛撑；7—剪刀撑；8—垫板；9—横向扫地杆；10—纵向扫地杆；
11—连墙件；12—横向斜杆；13—纵向水平杆

⑥ 脚手架三步前的搭设，应设置临时抛撑。三步以上的搭设应及时设抛撑、连墙件和安全设施。

（2）操作注意事项：

① 脚手架基础的要求。竹、木立杆埋深视土质情况而定，一般不宜小于300mm，埋土必须夯实，立杆底部应填碎砖或石块并夯实。钢管立杆下的垫板、底座均应准确地放在定位线上，垫板面积不宜小于$0.15m^2$，宽度不宜小于220mm，木垫板长度不宜小于2跨，厚度不宜小于40mm。

② 立杆必须按规定的纵、横间距竖立，做到纵成线、横成方；立杆应垂直，不得向外倾斜；钢管与竹、木杆不得混合使用。

③ 立杆底座向上200mm处，应设置纵、横向扫地杆，用镀锌钢丝与立杆绑扎牢或用直角扣件与立杆固定。

④ 纵向水平杆应水平设置在立杆的内侧，其长度不小于3跨并与立杆绑扎或用直角扣件与立杆固定。

⑤ 沿建筑物周围搭设的脚手架应采用闭合形式，脚手架的同一步纵向水平杆必须四周交圈。

⑥ 横向水平杆设置在立杆与纵向水平杆相交处，均必须设置在纵向水平杆的下方，并严禁任意拆除。

⑦ 竹脚手架应在立杆旁加设顶撑顶住横向水平杆；每根顶撑与立杆绑扎，上下顶撑应同轴并保持垂直；底层顶撑应设置在经夯实并有垫块的地面上。

双排扣件式钢管、竹、木脚手架搭设参数(m)　　　表 200

用途	主杆纵距	主杆横距	步距	操作层横向水平杆间距	横向水平杆外伸
钢管脚手架(高度20m内)	≤2.0	≤1.2 (满堂脚手架不大于1.8)	≤1.8 (底部不大于2.0)		0.25~0.50
结构用竹、木脚手架	≤1.7			≤0.75	
装饰用竹、木脚手架	≤1.8			≤1.00	

⑧ 竹、木脚手架的斜杆或剪刀撑的底脚宜在距立杆底脚 700mm 处埋入地下，深度不少于 200mm，并用木桩楔稳。

⑨ 剪刀撑应设置在立杆外侧。双排脚手架宜从转角处起，每间隔 6 跨设置一道剪刀撑，由底至顶连续布置。每副剪刀撑跨越立杆的根数不应少于 4 根，也不应超过 7 根，与纵向水平杆呈 45°～60°角。

⑩ 一字型、开口型双排脚手架的端头必须设置横向斜杆，中间每隔 6 跨设置一道横向斜杆。每一斜杆只占一步或一跨，一般呈"Z"字型连续布置，两端用旋转扣件固定或镀锌钢丝扎结在立杆或纵向水平杆上，斜杆不得任意拆除，当斜杆妨碍操作要拆除时，必须采取相应固定措施，以确保安全。

⑪ 抛撑的倾角不应大于 60°，大头朝下，底脚埋入土中深度不少于 200mm，并用木桩楔稳。

⑫ 搭设连墙件的要求：为防止脚手架内外倾覆，架高6m以上的单、双排脚手架，必须均匀分布地设置能承受压力和拉力的连墙点，用连墙件与建筑物的混凝土梁、柱等结构部位拉结起来。连墙件垂直距离不大于6m（3步），水平间距不大于6m（3跨）。

⑬ 从第二步起在脚手架操作层的外侧应设置栏杆，上栏杆高度宜取1.1～1.2m，挡脚板高度不应小于150mm，中栏杆应居中设置，并架设在外立杆内侧，并保持足够的刚度。

⑭ 搭设脚手架门洞、窗洞处的要求：双排脚手架门洞宜采用斜杆平行弦杆桁架结构形式，斜杆与地面的倾角应为45°～60°，门洞桁架下两侧立杆应设双立杆，副立杆高度不应低于3步；单排脚手架过窗洞时应增设立杆或增设一根纵向水平杆。

⑮ 脚手架操作部位应满铺脚手板，脚手板严禁悬挑；木脚手板、竹片脚手板应用镀锌钢丝绑牢在横向水平杆上；脚手板应铺平稳，确保不翘、不滑动、不掉落。

⑯ 在结构脚手架架板上堆放标准砖应单行侧摆且不得超过三层，砂浆和容器总重不得大于1.5kN(150kg)，施工设备单重不得大于1kN(100kg)，使用人力在架上搬运和安装的构件自重不得大于2.5kN(250kg)。

（3）脚手架在搭设、使用中应经常检查下列项目：
① 检查地基是否积水、底座是否松动、立杆是否悬空；
② 检查支承体系、连墙杆、各主节点的各杆件是否符合规定；
③ 检查钢丝绑扎或扣件固定是否松动；
④ 脚手架是否稳定、倾斜；
⑤ 安全防护措施是否符合要求。

200. 现浇混凝土模板安装的基本要求有哪些？

（1）模板及其支撑系统必须保证结构和构件各部分形状尺寸和相互位置的正确；具有足够的承载能力、刚度和稳定性，能可靠地承受新浇混凝土的自重和侧压力，以及施工过程中产生的荷载；构造简单，拆装方便；模板的接缝不应漏浆。

（2）模板与混凝土的接触面应涂隔离剂。对油质类等影响结构或妨碍装饰工程施工的隔离剂不宜采用。严禁隔离剂沾污钢筋与混凝土接触处。

（3）当支撑系统安装在基土上时应加设垫板，且基土必须坚实并有排水措施；模板及支撑系统在安装过程中，必须设置防倾覆的临时固定设施；现浇混凝土梁、板，当跨度等于或大于 4m 时，模板起拱高度宜为全跨长度的 1/1000～3/1000。

（4）安装上层模板及其支撑系统时，下层楼板应具有承受上层荷载的承载能力或加设支架支撑；上层支架立柱应对准下层支架立柱，并铺设垫板。

（5）固定在模板上的预埋件和预留孔洞不能遗漏，安装必须牢固，位置准确。

（6）木质支撑体系一般与木模板相配合，所用牵杠、搁栅、横挡、支撑宜采用不小于 50mm×100mm 的方木，木支柱一般用 100mm×100mm 方木或梢径 80～120mm 圆木，木支撑必须钉牢楔紧，支柱之间必须加强拉结连系，木支柱脚下用对拔木楔调整标高并固定。

（7）也可采用钢管支撑体系，一般可与各种模板体系配合。钢管支撑体系一般宜扣成整体排架式，其立柱纵横间距一般为 1m 左右，同时应加斜撑和剪刀撑。

（8）模板安装施工中常见的质量通病如下：

① 模板拼缝不严而漏浆；

② 模板刚度不够，拉结、固定不牢而移位、胀模、鼓肚、扭曲等现象；

③ 柱模板倾斜、不规整及柱梁接头处不顺直而出现大小头；

④ 梁模板长方向上口不直、宽度不一致，底模端部嵌入梁柱间混凝土内及底板下挠；

⑤ 楼板底模不平整，预留洞口位置不准；

⑥ 楼梯底模不平整，楼梯梁板歪斜，轴线位移，侧向模板

松动，踏步的高度不一致；

⑦ 支撑系统不牢固，下部未垫牢楔紧而松动，导致倒塌或结构受内伤；

⑧ 拆模板过早，破坏了结构。

201. 柱模板安装有哪些注意事项？

(1) 先找平调整柱底标高，必要时可用水泥砂浆修整。

(2) 柱模板可用木模或钢模，可采用整板式或拼装式，柱脚应预留清扫口，柱子较高时，应每隔 2m 预留浇筑施工口。

(3) 采用木模板时，柱模一般应加立楞（一般采用 50mm×100mm 方木），用方木夹箍和直径 12～16mm 的夹紧螺栓固定。

(4) 使用钢模板时，柱子可直接加箍固定，宜采用工具式柱箍，柱箍形式有扁钢柱箍（—60×5 扁钢）、角钢柱箍（L 75×50×5）、钢管柱箍（直径 48mm×厚度 3.5mm）等；柱箍间距一般情况下为 400～1000mm。

(5) 柱模顶端距梁底或板底 50mm 范围内，应确保柱与梁或板接头不变形及不漏浆，所有接头处模板应制作认真，拼缝严密、牢固。

(6) 构造柱模板，在各层砖墙留马牙槎砌好后，分层支模，用柱箍穿墙夹紧固定，柱和圈梁的模板，都必须与所在墙的两侧严密贴紧，支撑牢靠，防止板缝漏浆。

202. 梁、板模板安装有哪些注意事项？

(1) 梁模板由梁底模（木板厚度不小于 50mm）加侧模板（木模或胶合板拼制而成）组成，梁底均有支撑系统，一般采用支柱（琵琶撑）或桁架支撑，当采用脚手钢管和扣件搭设支撑时，宜搭设成整体排架式。

(2) 梁模板宜采用侧包底的支模法，侧模背面应加钉竖向、水平向及斜向支撑。

(3) 支柱（琵琶撑）之间应设拉杆，互相拉撑成一整体，离地面500mm设一道，以上每隔2m设一道，支柱下均垫楔子（校正高低后钉牢）和垫板。

（4）在架设支柱影响交通的地面，可采用斜撑、两边对撑（俗称龙门撑）或架空支模；上下层梁底模支柱，一般应安装在一条竖向中心线上。

（5）圈梁模板采用卡具法（适用于钢模）和挑扁担法（适用于木模和钢模）。

（6）当板跨度超过1500mm时，应设大横楞（俗称牵杠）和立柱支撑，上铺平台搁栅（木方），搁栅找平后，在上面铺钉木模板，铺木板时只在两端及接头处钉牢。

（7）当用胶合板作楼板底模时，搁栅间距不宜大于500mm。

（8）当用钢模作楼板模板时，支撑一般采用排架式或满堂脚手架式搭法，顶部用直径48mm钢管作搁栅，间距一般不得大于750mm。

（9）悬挑板模板其支柱一般不落地，采用下部结构作基点，斜撑支承悬挑部分。也可用三角架支模法，采用直径48mm钢管支模时，一般采用排架及斜撑杆由下一层楼面架设，悬挑模板必须搭牢拉紧，防止向外倾覆。

（10）支撑板式楼梯底板的搁栅间距宜为500mm，支承搁栅和横托木间距为1000～2000mm，托木两端用斜支撑支柱，下用单楔楔紧，斜撑用牵杠互相拉牢，搁栅外面钉上外帮侧板，其高度与踏步口齐。

（11）梯步高度要均匀一致，踏步侧板下口钉一根小支撑，以保证踏步侧板的稳固，楼梯扶手栏杆预留孔或预埋件应按图纸位置正确埋好。

203. 农村建房中钢筋制作应注意哪些方面？

（1）钢筋的级别、种类和直径应按图纸要求采用，当需要代换时，应征得设计或主管单位同意。

（2）钢筋加工的形状、尺寸必须符合图纸要求。钢筋表面应洁净、无损伤。带有颗粒或片状老锈的钢筋不得使用。

（3）Ⅰ级钢筋末端需要作180°弯钩，其圆弧弯曲直径应不小于钢筋直径的2.5倍，平直部分长度不宜小于钢筋直径的3倍；Ⅱ级钢筋末端需作90°或135°弯折，其弯曲直径不宜小于钢筋直径的4倍，平直部分应按设计要求确定。

（4）箍筋末端应作弯钩，用Ⅰ级钢筋或冷拔低碳钢丝制作的箍筋，其弯曲直径不得小于箍筋直径的2.5倍，平直部分的长度一般结构不宜小于箍筋直径的5倍，对有抗震要求的结构不应小于箍筋直径的10倍，弯钩形式90°/180°或90°/90°；对有抗震要求和受扭的结构，弯钩形式135°/135°。

（5）钢筋在加工过程中发现脆断、焊接性能不良时，应抽样进行化学成分检验或其他专项检验。

204. 钢筋的绑扎应符合哪些规定？

（1）钢筋的交叉点应采用钢丝扎牢，一般用22号钢丝双股绑扎。

（2）单向受力板和墙的钢筋网，除靠外围两行钢筋的交叉点全部扎牢外，中部部分交叉点可间隔交错扎牢，但必须保证受力钢筋不产生位置偏移；双向受力板和墙的钢筋网，必须全部扎牢。相邻钢丝应扎成八字形。基础板和楼板双层钢筋及悬臂板受力钢筋应设置钢筋撑脚。

（3）梁和柱的箍筋，应与受力钢筋垂直设置，其交叉点必须全部扎牢；箍筋弯钩叠合处，应沿受力钢筋方向错开设置。

（4）在柱中竖向钢筋搭接时，角部钢筋的弯钩平面与模板面的夹角，对矩形柱应为45°角；对圆形柱钢筋的弯钩平面应与模板的切平面垂直；中间钢筋的弯钩平面与模板面垂直；当采用插入式振捣器浇筑小型截面柱时，弯钩平面与模板面的夹角不得小于15°。

（5）钢筋绑扎接头不宜位于构件最大弯矩处；搭接长度符合规范要求；钢筋搭接处，应在中心和两端用钢丝扎牢；绑扎接头在受拉区内Ⅰ级钢筋末端应做弯钩，Ⅱ级钢筋末端可不做弯钩。

(6) 各受力钢筋之间的绑扎接头位置应相互错开，从任一绑扎接头中心至搭接长度的1.3倍区段范围内，有绑扎接头的受力钢筋截面面积占受力钢筋总截面面积百分率，受拉区不得超过25%，受压区不得超过50%。

(7) 绑扎接头中钢筋的横向净距应不小于钢筋直径，且不应小于25mm。

(8) 在绑扎骨架中非焊接的搭接接头长度范围内，当搭接钢筋为受拉时，其箍筋间距不应大于5倍受力钢筋的最小直径，且不应大于100mm；当搭接钢筋为受压时，其箍筋间距不应大于10倍受力钢筋的最小直径，且不应大于200mm。

(9) 受力钢筋的混凝土保护层，不应小于受力钢筋直径，并应符合以下规定：当混凝土强度等级小于等于C20时，板、墙20mm；梁、柱30mm；基础有垫层40mm、无垫层70mm。

(10) 钢筋施工中常见的质量通病如下：

① 钢筋间距不一致，超过允许偏差值；有漏筋现象；

② 有抗震、抗扭要求的箍筋未弯成135°，箍筋弯钩叠合处，沿受力钢筋方向未错开设置；

③ 钢筋绑扎搭接长度不够，搭接部分未按要求错开；

④ 柱、梁、双向板等钢筋交叉处未全部绑扎，而是跳扎，相邻绑扣未扎成八字形，导致钢筋移位；

⑤ 少设置钢筋垫块或垫块绑扎不牢，吊在柱、梁内，使保护层得不到保证；

⑥ 板上部的负弯矩钢筋保护层得不到保证，踩下的钢筋未纠正。

205. 常见钢筋电弧焊有哪些规定？

(1) 钢筋焊接前，必须根据施工条件进行试焊，合格后方可施焊；焊工必须有焊工考试合格证，并在规定的范围内进行焊接操作。

(2) 钢筋电弧焊包括帮条焊、搭接焊、坡口焊、窄间隙焊和熔槽帮条焊 5 种接头型式。农村建房中宜采用帮条焊(见图206-1)和搭接焊(见图 206-2)。

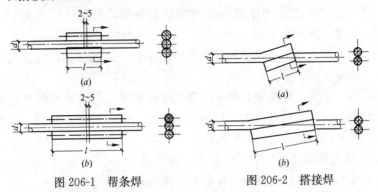

图 206-1　帮条焊　　　　图 206-2　搭接焊

(3) 钢筋帮条(或搭接)长度 L 和焊条型号应符合表 206 的规定。

钢筋帮条(或搭接)长度和焊条型号　　　　表 206

钢筋牌号	焊缝型式	帮条(或搭接)长度 L	焊条型号
Q235(Ⅰ级钢)	单面焊	$\geqslant 8d$	E4303
	双面焊	$\geqslant 4d$	
HRB335(Ⅱ级钢)	单面焊	$\geqslant 10d$	E4303
	双面焊	$\geqslant 5d$	

注：d 为主筋直径(mm)。

(4) 焊接时，引弧应在垫板、帮条或形成焊缝的部位进行，不得烧伤主筋；宜采用双面焊，当不能进行双面焊时，方可采用单面焊；焊接过程中应及时清渣，焊缝表面应光滑。

(5) 焊缝厚度 s 不应小于主筋直径的 3/10；焊缝宽度 b 不应小于主筋直径的 4/5。焊缝尺寸示意图见图 206-3。

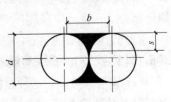

(6) 搭接焊时，焊接端钢筋应预弯，并应使两钢筋的轴线在同一直线上。

图 206-3　焊缝尺寸示意图

206. 现浇混凝土现场搅拌有哪些规定？

（1）搅拌混凝土时应用机械搅拌，必须按试验的配合比所规定的材料品种、规格和数量进行配料。

（2）拌制混凝土宜采用饮用水，不得采用海水拌制。

（3）混凝土搅拌的最短时间为 90 秒，当掺有外加剂时，搅拌时间应适当延长 30～60 秒；严禁在拌料出机后外加水分。

（4）振动器捣实板、梁、柱的混凝土坍落度控制在 5～7cm。

（5）混凝土坍落度检测。现场搅拌混凝土，每工作台班取样不得少于 2 次；坍落度的允许偏差正负 10mm。

（6）混凝土强度检验的规定：

① 现场搅拌混凝土取样频率，每拌制 100 盘且不超过 100m³ 的同配合比混凝土，其取样不得少于一次；

② 每工作班拌制的相同配合比的混凝土不足 100 盘时，其取样也不得少于一次，每次取样应至少留置一组标准养护试件（每组 3 个）；

③ 对现浇混凝土结构，每一现浇楼层同配合比的混凝土，其取样不得少于一次；

④ 同一单位工程每一验收项目中同配合比的混凝土，其取样不得少于一次。

207. 混凝土浇筑时有哪些规定？

（1）混凝土浇筑中不得发生离析现象，混凝土应在初凝前浇筑完毕。

（2）混凝土自高处倾落的自由高度，不应超过 2m；当浇筑高度超过 3m 时，应采用串筒、溜管或斜槽下料。

（3）为使混凝土密实，应分层并连续浇筑。浇筑层的厚度表面振动为 200mm；插入式振捣为振捣器作用部分长度的 1.25 倍。

（4）混凝土运输、浇筑和间歇的允许时间 C30 及 C30 以下，气温不高于 25℃为 210 分钟，气温高于 25℃为 180 分钟。当混凝土临时间断处超过规定，混凝土已开始初凝，则应等混凝土的强度达到 1.2MPa（12kg/cm^2）以上时，才允许继续浇筑，临时间断处应按施工缝处理。

(5) 梁和板宜同时浇筑，并一次浇完，浇筑顺序一般从距卸料点远的一端开始，逆向进行，以逐渐缩短距离。

208. 混凝土振捣有哪些规定？

(1) 混凝土应机械振捣成型。

(2) 柱、梁应用插入式振动器振实，每点振捣时间为 20～30 秒，插入深度为棒长的 3/4，振动棒的作用半径一般为 300～400mm，分层浇筑时，应插入下一层中 50mm 左右，应做到"快插慢拔"。

(3) 屋面、楼板、地面、垫层等应用平板式振动器振捣密实，每一位置上应连续振动约 25～40 秒，以混凝土表面出现浮浆为准，前后位置和排间相互搭接应为 3～5cm，移动速度通常 2～3m/分钟，防止漏振，平板式振动器的有效作用深度，在无筋及单筋平板中约 200mm，在双筋平板中约为 120mm。

(4) 当平板厚度大于 200mm 和带梁平板时，应先用插入式振动器振实后，表面再用平板式振动器振实。

(5) 混凝土用机械振捣密实后，表面用刮尺刮平，应在混凝土终凝前二次或三次压光予以修整。

209. 混凝土养护有哪些规定？

(1) 在日平均温度高于 5℃的自然条件，当混凝土表面收水并初凝后，应尽快用塑料薄膜或麻袋覆盖并浇水养护。

(2) 用硅酸盐水泥、普通水泥、矿渣水泥拌制的混凝土养护 7 天，用火山灰水泥、粉煤灰水泥及掺缓凝型外加剂拌制的混凝土养护 14 天。

(3) 最初 3 天内，应每隔 2～3 小时浇水一次，以后每日至少 3 次，气温低于 5℃不得浇水。

（4）应保持混凝土处于足够的湿润状态。

（5）养护用水的要求与拌制用水的要求相同。

（6）混凝土施工中常见的质量通病如下：

① 原材料颗粒级配、砂率不合理，雨后进料含泥量过大，未进行冲洗；

② 混凝土的原材料未过秤，未严格按配合比投料；

③ 现场不用机械搅拌，而用人工拌合，拌合不均匀，有离析现象；

④ 坍落度不准，有偏大、偏小现象，浇筑时任意加水；

⑤ 振捣时振点间距和振捣时间不符合要求，任意振捣，不用机械振捣；

⑥ 楼板、屋面板及垫层不用平板振动器振实，导致混凝土表面裂缝；

⑦ 拆模后混凝土表面出现蜂窝、麻面及孔洞；

⑧ 混凝土浇筑后不浇水养护，尤其是柱和圈梁未浇水；

⑨ 混凝土强度不足。

210. 模板由哪几部分组成？现浇混凝土结构施工时对模板有哪些基本要求？

（1）模板的组成

模板由模板和支架两大系统组成。模板系统包括面板及直接支撑面板的小楞，主要用于混凝土成型和支撑钢筋、混凝土及施工荷载。支撑系统主要是固定模板系统位置和支撑全部由模板传来的荷载。

（2）对模板的基本要求

① 要保证结构的各部分形状、尺寸及相互间位置的准确；

② 应具有足够的强度、刚度和稳定性，能可靠地承受施工过程中产生的荷载；

③ 构造简单、装拆方便，能多次周转使用；

④ 模板接缝严密、不应漏浆。

211. 梁模板由哪些构造部分组成？梁模板的安装程序怎样进行？

（1）梁模板的构造组成：梁模板由侧模板、底模板和立柱或桁架承托。底模板厚度为 40～50mm，底模板下有立柱或桁架承托。立柱可由钢管脚手架构成或由伸缩式可调钢支柱构成。

（2）梁模板的安装程序：先安装底模板及下面的立柱，立柱间安装水平及斜拉杆，然后安装梁侧模板。一般高度的梁，在安装好模板后，再在梁模上方的楼板模板上绑扎钢筋，然后放进梁模中。如果梁高＞1m，则应留出一面侧模不安装，待绑扎好梁钢筋后再安上另一侧模板。

212. 如何确定模板的拆除时间和拆除顺序？

（1）模板的拆除时间：

① 侧模板（如柱模、梁侧模）应在混凝土的强度能保持其表面及棱角在拆模时不致损坏时，方可拆除模板。

② 底模板（如梁底模板、楼板底模板）则应在与结构同条件养护的试块强度达到规定强度时方能拆除。

（2）模板的拆除顺序：

　　　　柱模板→楼板模板的底模→梁侧模→梁底模。

213. 什么是混凝土的自然养护？混凝土的自然养护应符合哪些规定要求？

自然养护是指在常温下（平均气温不低于 5℃），选择适当的覆盖材料并洒适量的水，使混凝土在规定的时间内保持湿润环境条件下进行硬化。

自然养护应符合以下规定要求：

（1）混凝土浇捣完毕后，应在 12 小时以内覆盖并洒水养护。

（2）洒水次数以能保持混凝土湿润状态为准。水化初期水泥水化反应较快，水分应充分，洒水次数要多些。气温较高时也要多次数、多洒水。应避免因缺水造成混凝土表面硬化不良而松散分化。

（3）洒水养护的期限与水泥的品种有关。普通硅酸盐水泥和矿渣硅酸盐水泥拌制的混凝土≥7天；掺缓凝剂或有抗渗要求的混凝土≥14天。

（4）在养护过程中，混凝土强度未达到 $1.2N/mm^2$ 之前。不准在其上面安装模板及其支架，以免振动和破坏正在硬化过程中混凝土内部结构。

214. 混凝土会有哪些质量问题？原因是什么？

（1）蜂窝。混凝土每次浇筑厚度过厚使得振捣不实，或漏振；或模板有缝隙使水泥浆流失；或因钢筋较密而混凝土坍落度又过小，基础柱和墙的根部下层台阶浇筑后未停歇就继续浇上层混凝土，致使上层混凝土根部砂浆从下部涌出，造成蜂窝。

（2）露筋。混凝土振捣时钢筋的垫块移位，或垫块太少甚至漏放，会使钢筋紧贴模板造成露筋；钢筋过密，大石子卡在钢筋上，水泥浆不能充满钢筋周围，使钢筋密集处产生露筋；配合比不当，混凝土产生离析，浇捣部位缺浆或模板严重漏浆，造成露筋等。

（3）麻面。模板表面粗糙或清理不干净；浇筑混凝土前，木模没有浇水润湿或润湿不够；模板拼缝不严密；混凝土振捣不密实等。

（4）孔洞。未按顺序振捣混凝土，产生漏振；混凝土离析或严重跑浆；混凝土中有泥块、木块及杂物掺入等。

（5）缝隙及夹层。施工缝处杂物清理不净或未做浇浆处理；柱子浇筑高度过大或未设串筒、未浇底浆等原因造成。

215. 预制钢筋混凝土构件安装应注意哪些方面？

（1）预制构件安装时的混凝土强度，不应小于图纸上的混凝土强度标准值的75%。

(2) 预制构件安装前，应在构件上标注中心线，复核支承结构的尺寸、标高、平面位置和承载能力均应符合图纸上的要求；墙上支承部位应先用1:2水泥砂浆找平，找平层厚度20mm。

(3) 预制构件安装时，应先用水泥砂浆坐浆，可用人工或机械安装就位并校正，应安装平稳。

(4) 预制钢筋混凝土板的板缝填嵌施工的规定：

① 板相邻缝底宽不应小于20mm；

② 填嵌前，板缝内清理干净，保持湿润；

③ 填缝采用C20细石混凝土，边刷纯水泥浆边填缝，填缝高度低于板面10~20mm，且振捣密实（可用机械在表面振），表面不压光；

④ 填缝后应养护；混凝土强度等级达到C15时，方可做上面的找平层；

⑤ 当板缝底宽大于40mm时，应配置钢筋；施工时应支底模，并应嵌入缝内5~10mm。

(5) 抗震设防地区，墙与板和板缝之间应设拉筋，两板端的钢丝应扭结或焊接起来。

(6) 预制钢筋混凝土构件安装施工中常见的质量通病：

① 现场预制混凝土，门、窗过梁不用机械振捣，不养护，强度差；

② 安装预制混凝土构件，墙上不找平、不坐浆；构件上、下面放置错误；

③ 预制混凝土板灌板缝前不清理板缝或清理不干净，不浇水湿润，不先刷纯水泥浆，板缝大的不吊模板，不用机械捣实，导致使用后出现裂缝。

216. 防止雨篷、天沟、阳台等倾覆的措施有哪些？

(1) 确保拖梁长度。阳台施工中，应保证嵌固在横墙内的拖梁长度为外伸悬臂梁长度的1.2倍以上，以达到内外相平衡，防止阳台倾覆。当在屋面板下设拖梁时，其拖梁长度为外伸悬臂梁长度的2倍。悬挑结构布置图见图217。

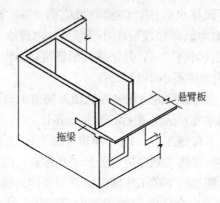

图217 悬挑结构布置图

（2）钢筋不能放错。施工中，悬臂梁的上、下部钢筋不能颠倒，上部钢筋应比下部钢筋多；雨篷、天沟、阳台为现浇悬臂板，受力钢筋应在悬臂板的上部，受力钢筋保护层应严格控制为15mm。

（3）施工中不能随意踩踏钢筋。受力筋下面应设钢筋撑脚，施工中禁止将上部受力筋踩下。

（4）支撑系统应牢固。支撑下部应垫稳、楔紧，如支撑松动，会导致结构受内伤。

（5）混凝土强度达到100%才能拆模。模板和支撑系统不能过早拆除，不仅要等到梁、板达到设计强度等级，同时还要等到梁上部墙体、楼板、屋面板自重等平衡荷载全部施工完后，才能拆除支撑系统。

（6）严禁在雨篷、天沟、阳台上堆放脚手钢管、模板和建筑材料等，使结构受内伤。

217．防水屋面施工的基本要求有哪些？

（1）屋面防水的选择应结合农村的使用要求来考虑，选择平屋面可以兼作粮食晒场，但平屋面防水还存在一些问题未解决，如果防水未能做好，会产生渗漏现象。目前住宅常采用坡屋面。

（2）平屋面排水坡度。结构找坡宜为3％；材料找坡宜为2％；天沟、檐沟纵向坡度应不小于1％；内排水的水落口周围500mm内坡度不小于5％，并做成杯形凹坑；自由排水的檐口在500mm范围内坡度不小于15％。

（3）防水工程必须由防水专业队伍及持有上岗证的防水工施工，严禁非防水专业队伍或无证防水工施工。

（4）防水工程施工前，应对前道分部（项）工程进行验收签字，施工中应根据施工顺序进行分项工程检查，隐蔽工程应经验收合格后，才能进行下道工序施工。特别是伸出结构的管道、设备或预埋件等，应在防水层施工前安设完毕。结构防水层完工后，应避免在其上凿孔打洞。

（5）水落管内径不应小于75mm；一根水落管的屋面最大汇水面积宜小于200m²；水落管距离墙面不应小于20mm；其排水口距散水坡的高度不应大于200mm；水落管应用管箍与墙面固定，接头的承插长度不应小于40mm。

（6）各种防水节点的做法。应根据屋面的结构变形、温度变形、干缩变形和振动等因素，使节点设防能够满足变形的需要。可采用柔性密封、防排结合、材料防水和构造防水相结合的做法；还可采用卷材、防水涂料、密封材料和刚性防水相结合等互补并用的多道设防。

（7）屋面防水施工完毕后，必须进行淋（蓄）水试验，经过雨后检查，确保不渗不漏。

（8）找平层施工应注意事项：

① 找平层施工前，应检查结构层的质量、屋面板安装、屋面板灌缝、排水坡度、天沟、水落口标高、管道、预埋件等施工和安装质量，并经隐蔽工程检查验收合格后，才可施工找平层；

② 应对基层适当洒水湿润，并于铺浆前1小时在基层表面刷素水泥浆一道，使找平层与基层牢固结合；

③ 找平层宜留设分格缝，缝宽一般为 20mm，应留在预制板支承边的拼缝处，分格缝纵横向最大间距，水泥砂浆找平层不宜大于 6m；一个分格缝区域内的砂浆要一次铺足，不留施工缝；

④ 阴阳角部位应做成圆弧；

⑤ 满铺砂浆后用刮尺刮平拍实，用木抹子搓压提浆，开始凝结时，用钢抹子压第二遍，终凝前第三次抹平、压实；

⑥ 终凝后洒水养护不少于 7 天；

⑦ 铺设隔汽层和防水层时，基层干燥程度在现场的简易检验方法是将 $1m^2$ 的卷材或塑料薄膜平整地铺设在找平层上，静置 3~4 小时后掀开检查，找平层覆盖部位与卷材、塑料薄膜上未见水印即可铺设。

(9) 屋面防水施工中常见的质量通病如下：

① 屋面找平层部分空鼓，有规则或不规则裂缝，表面酥松、起砂，影响防水层粘结，表面平整度差，坡度不足，排水不畅；

② 找平层的阴阳角没有抹成圆弧或钝角，水落口处不密实，无组织排水檐口，没有留凹槽嵌填密封材料，伸出屋面管道周边没有嵌填密封材料；

③ 铺卷材防水层前基层未扫刷干净，表面不干燥，没有涂刷基层处理剂，胶粘剂与卷材材性不匹配，涂刷不均匀，铺贴卷材时没有将底面的空气排除，而出现空鼓和搭接处粘结不牢；

④ 卷材弹性差、延伸率低，板端头和节点细部没有做附加缓冲层、增强层，未嵌密封膏，导致防水层出现裂缝，发生渗漏现象；

⑤ 女儿墙根部由于卷材收缩空鼓，又未加铺附加层，女儿墙与砌体之间的裂缝处发生渗漏现象；

⑥ 保温屋面由于保温层铺至女儿墙，未留伸缩缝，当保温层热膨胀时将女儿墙外推出现裂缝而渗漏；

⑦ 檐沟底或预制檐沟接头处，屋面与檐沟交接处由于温差变形出现裂缝，使沟底渗漏；

⑧ 伸出结构的管道、设备、预埋件、水落口等周围未嵌填

密封膏或未铺附加层，发生渗漏现象；

⑨ 涂料防水层与基层之间粘结不牢，发生空鼓现象；

⑩ 防水涂料和胎体增强材料之间材性不符，使防水涂料老化而开裂，发生渗漏现象；

⑪ 刚性防水屋面由于混凝土未按配合比要求投料，浇筑时未用平板振动器振实，致使混凝土强度差，混凝土浇筑后不养护或养护没有达到 14 天，分格缝嵌填密封膏的材质差，没有涂刷基层处理剂，与缝侧壁粘结不牢等导致防水层出现裂缝而渗漏。

218. 刚性防水平屋面施工有哪些注意事项？

(1) 应严格按试配的细石混凝土配合比进行计量和控制坍落度；一般应使用普通硅酸盐水泥。

(2) 细石混凝土应采用机械搅拌；细石混凝土防水层厚度不小于 40mm。

(3) 配筋一般采用直径为 4~6mm 钢筋，间距 100~200mm 双向设置并绑扎牢，分格缝应设在屋面支承端、屋面转折处，或防水层与突出屋面结构的交接处，分格缝处钢筋应断开，钢筋保护层厚度不小于 10mm。

(4) 混凝土应先用平板振动器振实，然后用滚筒十字交叉来回滚压密实并抹光，抹压时不得在表面洒水、加水泥浆或撒干水泥，应原浆抹光，初凝时第二次压光，终凝前再次压光。

(5) 进行养护，采用覆盖塑料薄膜密封遮盖，表面干后再浇水，养护时间不应少于 14 天。

(6) 分格缝清理干净后，刷冷底子油，嵌胶泥或油膏。

219. 柔性防水平屋面施工有哪些注意事项？

(1) 凡卷材防水层的铺贴，均应先在天沟、水落口、屋面与女儿墙、烟囱、出屋面管道和高低跨的交接处及保温层排汽槽上增铺一层卷材附加层。

(2) 铺贴卷材的胶粘剂应选择与卷材之间亲和性好、不会导致相互之间起化学反应而影响使用年限的胶粘剂。

(3) 胶粘剂应具有良好的耐候性、耐日光、耐水性等,其粘结剥离强度高。

(4) 卷材接缝胶粘剂和封口胶应选粘结强度高、弹性好的胶粘剂。

(5) 各种卷材施工时的搭接宽度一般在 70~150mm 之间,根据不同材料和不同铺贴方法进行选择;上下两层及相邻卷材的搭接应错开,长边错开 1/3 幅宽,短边错开 300~500mm。

(6) 涂料防水屋面所选用的胎体增强材料应选用与防水涂料性能相同的无纺布,因玻璃纤维布有的属碱性材料,而防水涂料一般为酸性材料,如两种材料一起使用,会起化学反应产生破坏作用,一般一年后防水层变硬而裂缝,导致屋面渗漏。

(7) 在涂料防水层和合成高分子防水卷材上,不能直接做水泥砂浆找平层或细石混凝土层,因水泥在水化热过程中产生强碱,会严重破坏涂料防水层和合成高分子防水卷材,而变硬开裂,导致屋面渗漏,应在其防水层上空铺无纺布或空铺油毡等隔离层,再做找平层或细石混凝土层。

220. 防水坡屋面施工有哪些注意事项?

(1) 一般采用平瓦或油毡瓦,可铺设在钢筋混凝土或木基上,屋面排水坡度,平瓦 20%~50%,油毡瓦不小于 20%。

(2) 平瓦、油毡瓦屋面与山墙及突出屋面结构等的交接处,均应做泛水处理。

(3) 刮大风和地震区,以及坡度超过 30°的屋面,必须用镀锌钢丝将瓦与挂瓦条扎牢,坡度小于 30°时,檐口瓦应用镀锌钢丝与檐口挂瓦条扎牢。

(4) 平瓦屋面采用木基条时,应在基层上铺设一层卷材,搭接长度不小于 100mm,并用顺水条将卷材压钉在木基层上,顺水条间距宜为 500mm,再在顺水条上铺钉挂瓦条。

(5) 平瓦可采取在基层上设置泥背的方法铺设,泥背厚度宜为 30～50mm。

221. 屋面保温层施工有哪些注意事项？

（1）保温层可采用松散保温材料或整体保温材料。宜在保温层下设置隔汽层，一般采用沥青或刷涂料防水材料。

（2）刷隔汽层前，找平层干燥后先刷冷底子油，使隔汽层与找平层牢固结合。

（3）保温层应做排汽道和排汽孔。排汽道应纵横贯通，设在屋面板的端缝、屋脊及转角处，纵横间距不宜大于 6m，排汽槽宽 50～70mm；排汽孔宜 36m² 屋面面积设置一个。

（4）排汽孔和排汽道上应做好防水处理。

（5）保温层与四周女儿墙之间应留伸缩缝，以免保温层热膨胀时将女儿墙外推。

江苏省已明确规定，屋面保温层禁止使用珍珠岩材料，因为珍珠岩材料吸水受潮后达不到保温的效果，同时，也影响了防水功能。

222. 抹灰工程施工有哪些注意事项？

（1）正确掌握配合比：

① 石灰砂浆抹底层，配合比为石灰膏：砂=1：3，纸筋石灰面层；

② 水泥混合砂浆为1：1：6 或 1：3：9（水泥：石灰膏：砂）；

③ 水泥砂浆为1：3（水泥：砂）底层，面层水泥砂浆为1：2～1：2.5。

（2）抹灰的步骤：

基层处理→做灰饼→冲筋→抹护角线→抹底层→抹垫层→抹面层。

（3）抹灰的一般要求：

① 抹灰应用块状生石灰，筛子过滤后，在沉淀池熟化不少于 15 天才能使用，石灰膏内不应有未熟化的颗粒及杂质，以解

决抹灰面爆灰问题。

② 抹灰前应对墙体的基层进行处理。将水电管道洞槽用1：3水泥砂浆或C15细石混凝土填充密实；门窗框连接脚头与墙体之间的缝隙、混凝土表面凸出部分剔平及疏松部分剔除等用1：3水泥砂浆分层补平。抹灰总厚度不得大于25mm。

③ 女儿墙、阳台、雨篷、窗台等上面做流水坡度，下面应做滴水线或滴水槽。

④ 水泥砂浆面层抹好后，常温下24小时后应喷水养护3～4天。

(4) 抹灰工程施工中常见的质量通病如下：

① 基层与底层未处理或处理不认真，清理不干净，抹灰前未浇水或浇水不足、不均匀，表面过分光滑未处理，抹灰层之间的材料强度差异过大，出现抹灰层的空鼓现象；

② 抹灰材质不符合要求，水泥强度或安定性差，砂子含粉尘、含泥量过大或砂粒径过细，一次抹灰太厚或各层抹灰间隔时间太短或表面撒干水泥等而引起收缩裂缝、龟裂等；

③ 基层由两种以上材料组合的拼缝部位处理不当或因温差而引起裂缝；

④ 抹灰层表面不平整，接槎明显，或大面积呈波浪形，有明显凹凸现象；

⑤ 分格缝不平直、深浅不一致、宽度不适中，缝起点或终点上下与左右不统一，缝口缺棱角或粗糙，嵌缝不密实、不光洁；

⑥ 外墙大角、内墙阴角，特别是平顶与墙面的阴角四周不通、不方正；

⑦ 滴水线的宽度与深度不符合规范规定，鹰嘴不标准，有的在上窗套未做滴水线，导致局部倒爬水；

⑧ 女儿墙、阳台栏杆等压顶流水坡向不正确，造成外墙面局部挂黑；

⑨ 窗台未拉通线，高度不一致，台口线横向不水平，竖向

上下不对齐,有的台口呈大小头,窗台两端伸出长度不相同。

223. 农村建房都有哪些安全事故?

主要集中在坍塌、高处坠落和触电等方面。

(1) 坍塌。如基坑的坍塌,基坑暴露时间过长、地下水位的变化、基坑两边堆物过多、过重;如墙体的坍塌,墙体砌筑强度未达到标准,人站在墙身上施工或吊装楼板;如楼板或阳台坍塌,现浇楼板未达到强度就拆模。现在农村由于拆房不慎造成的坍塌事故也日渐增多。

(2) 高处坠落。未搭设脚手架和安全网。

(3) 触电。电线老化、破损。

224. 农村建房应特别注意哪些安全事项?

(1) 选好施工队伍。要有施工企业资质等级证书,管理人员资格证书和特殊工种(如防水工、焊工、电工、机械工、起重工等)上岗证。施工组织设计要有安全措施。进入施工现场的职工接受施工技术交底时,必须同时进行安全生产技术交底和安全知识方面的教育。

(2) 进入施工现场必须戴好安全帽,安全帽应符合安全防护标准,并系好帽带;高空作业时,必须系好安全带。

(3) 脚手架未经验收不得使用。验收后严禁拆改,如必须拆改时应经批准,并由架子工进行。冬、雨期施工应有防滑措施,并清除冰霜、积雪以及各种杂物。

(4) 脚手架应搭供人上下用的斜道或梯子,严禁攀脚手架上下;脚手架应铺设供人操作用的脚手板,严禁站在脚手架的纵、横水平杆上进行操作,以防止人身安全事故。并按规定设置安全网和防护栏杆。

(5) 现场或楼层上的坑、洞处及楼梯未安装栏杆前,应设置护身栏杆或防护盖板,必要时增设红灯示警。防护设施均不得任意挪动。

(6) 脚手架和楼板上严禁超载堆放建筑材料和施工机具等。吊运时严禁超载，吊臂的吊件下严禁站人。

(7) 石材砌筑中严禁两人对面敲打石料；严禁在墙顶或脚手架上修改石料；严禁徒手移动上墙石料。

(8) 砌体施工中严禁在架子上向外侧砍砖；正在砌筑的墙顶上严禁行走，不允许站在墙身上砌墙。

(9) 砌块砌体上不得拉锚缆风绳或吊挂重物，更不得作其他临时施工的设施或支撑点。如确实需要，应采取有效的构造加固措施。

(10) 瓦屋面坡度大，应在四周设置保护栏杆，以避免操作人员从屋面滚下而坠落。

(11) 施工机具和电源电器必须由持证人操作，无证人员不得开机和接电。一切电动机械设备，必须采取保护接地，均应设置漏电保护装置。

(12) 线路严禁乱拉乱设，要经常检查电线是否破损。

225. 冬期施工应注意哪些问题？

(1) 冬季开挖土方一般采用松碎、融化和防止冻结等方法进行或采用暖棚挖土和砌筑基础。冬季挖土，基槽不要暴露。

(2) 基础宜分段突击施工，每砌完一定高度进行隐蔽验收后，随即在两侧对称回填(不得回填冻土)夯实，顶面覆盖保温材料。房屋内部不得用冻土回填。

(3) 砌筑时应清除砖石表面上的冰、霜、雪等，水浸泡后受冻的砖和砌块不能使用，室外温度高于0℃以上时，烧结普通砖可适当浇水湿润。

(4) 采用掺盐砂浆时，砌体中的钢筋应作防腐或刷水泥浆处理，随刷随砌；也可拌制加热砂浆。砂浆应随拌随用。

(5) 冬期施工每天砌筑高度及临时间隔处的高低均不得大于1.2m，每天下班前，墙顶面上不得铺砂浆，并加以覆盖保温。

(6) 混凝土结构工程冬期施工时，室外日平均气温连续5天稳定低于5℃时,应采取冬期施工措施。

(7) 混凝土受冻前的抗压强度,采用硅酸盐水泥或普通硅酸盐水泥时,应不低于设计混凝土强度标准值的30%,采用矿渣水泥时,应不低于40%,但不大于C10混凝土,不得小于5.0MPa(50kg/cm^2)。

(8) 掺用防冻剂的混凝土,严禁使用高铝水泥,宜使用无氯盐类防冻剂。掺用防冻剂混凝土严禁浇水养护,且外露表面必须覆盖,当达不到防冻剂规定温度时,应立即采取保温措施。对于素混凝土,氯盐掺量不得大于水泥重量的3%。

(9) 混凝土的冬期施工,也可采取对原材料加热,另外对运输和浇筑混凝土用的容器应具有保温措施。

(10) 混凝土应优先采用蓄热法养护,养护前的温度不得低于2℃。

(11) 钢筋冷拉温度不宜低于-20℃。

(12) 混凝土预制构件安装不得在雨雪天气施工。

(13) 装饰工程冬期施工应注意事项:冬期施工的环境温度,砌筑、抹灰、涂料、饰面工程不应低于5℃,涂刷清漆不应低于8℃,裱糊工程不应低于10℃,玻璃工程及其他装饰干作业不应低于0℃等,否则应采取冬期施工措施。

(14) 防水工程冬期施工应注意事项:

① 高聚物改性沥青防水卷材、合成高分子防水卷材、涂料防水屋面等严禁在雨雪天施工;

② 屋面找平层、保温层、沥青卷材防水屋面不得在雨雪天气施工,屋面找平层在冬期施工应采取防冻措施;

③ 干燥的保温层可在负温度下施工;用沥青粘结的整体现浇保温层、粘贴的板状材料保温层、溶剂型涂料防水屋面等在气温低于-10℃时不宜施工;

④ 高聚物改性沥青防水卷材采用热熔法施工气温低于-10℃时不得施工;

⑤ 用水泥、石灰或乳化沥青胶结的整体现浇保温层和用水

泥砂浆粘贴的板状材料保温层、乳液型涂料等在气温低于5℃时不宜施工；

⑥ 高聚物改性沥青防水卷材在气温低于－5℃时不宜施工；

⑦ 刚性防水屋面在混凝土硬化前有大雨和负温等情况，均不得施工。

226. 农村建房常见的工程质量事故有哪些？

（1）违背基本建设程序

如未做调查分析就拍板定案；未搞清地质情况就仓促开工；无证设计；无证施工；越级设计；越级施工；边设计，边施工；无图施工；投标中的不公平竞争；超常的低价中标；擅自转包或分包；多次转包；不经竣工验收就交付使用等，这些通常是导致重大工程质量的重要原因。

（2）工程地质勘查问题

如不认真进行地质勘查，随意估计地基的容许承载力；勘探时钻孔深度、间距、范围不符合规定要求；地质勘查报告不详细、不准确，或对基岩起伏、土层分布误判，或未查清地下软土层等，这些均会导致采用不恰当或错误的基础方案，造成地基不均匀沉降、失稳，使上部结构或墙体开裂、破坏，或引发建筑物倾斜、倒塌等质量事故。

（3）对不均匀地基处理不当

如对软弱土、冲填土、杂填土、湿陷性黄土、膨胀土、红黏土、岩层出露、溶岩、土洞等不均匀地基未进行处理或处理不当均会导致重大质量事故。

（4）设计计算问题

如结构方案不正确；结构设计简图与实际受力情况不符；荷载取值过小，内力分析有误；变形缝设置不当；悬挑结构未进行抗倾覆验算等，均是导致质量事故的隐患。

（5）建筑材料及建筑制品不合格

如钢筋性能不良，会使钢筋混凝土结构产生过大裂缝或脆性破坏；以高碳钢代替建筑钢，致使钢屋架脆性断裂；水泥安定性不良会造成混凝土爆裂；水泥受潮、过期、结块，砂石粒径大小、级配、有害物含量、混凝土配合比、外加剂掺量等不符合要求时，则会影响混凝土强度、和易性、密实性、抗渗性，导致钢筋混凝土结构强度不足、裂缝、渗漏、蜂窝、麻面、露筋等质量事故；预制构件断面尺寸不准，支承锚固长度不足，未可靠建立预应力值，漏放或少放钢筋，板面开裂等，均可出现断裂、倒塌事故。

（6）施工与管理问题

① 未经设计部门同意，擅自修改设计。

② 图纸未经会审，仓促施工。

③ 不熟悉图纸，甚至看不懂图，不按图施工，盲目施工。

④ 不按有关建筑工程施工质量验收规范施工。如现浇钢筋混凝土结构中任意留设施工缝；又如在少于1m宽的窗间墙上留设脚手眼等。

⑤ 不按有关的操作规程施工。如砖砌体砌筑中，出现上下通缝、包心砌筑、灰浆强度不足等。

⑥ 对进场的材料和制品，未按规定进行检查验收，以致造成错用，导致工程质量事故。

⑦ 施工管理紊乱，施工方案考虑不周，施工顺序错误，技术措施不当，技术交底不清，违章作业等。如为了便于支模及浇灌框架节点混凝土，对焊接接头尚在红热状态下的钢筋浇水冷却，使节点部位钢筋受到类似淬火处理，致使节点脆性增加，危及结构。

⑧ 土建与各专业施工队伍间配合协作不好。

⑨ 不重视质量监督和检查工作。

（7）自然条件影响

温度、湿度、日照、雷电、洪水、大风暴雨等均能造成重大质量事故。施工中应采取有效措施予以预防。

（8）使用保养不当

如未经有关部门的校核验算就任意加层、加载或任意拆改；又如对房屋渗漏引起的木材腐烂、墙体松动等未及时处理等均可引起质量事故。

227. 室内墙壁开关、插座如何布置？

室内墙壁开关距地高度1.3m、距门框边0.2m安装。

干燥场所，宜采用普通插座。当需要接插带有保护线的电器时，应采用带保护线触头的插座。

潮湿场所，应采用密闭型或保护型的带保护线触头的插座，其安装高度不低于1.5m。

儿童活动场所，插座距地安装高度不应低于1.8m。

住宅内插座当安装距地高度为1.8m及以上时，可采用普通插座，如采用安全型插座且配电回路设有漏电电流动作保护装置时，其安装高度不受限制。

对于接插电源时有触电危险的家用电器（如洗衣机等），应采用带开关能断开电源的插座。

228. 农村盖房子，装饰装修要注意哪些问题？

（1）要注意避免盲目性。装修房子首先满足农村生活的要求，功能设置要符合实际需要，切不可盲目追寻城市模式。既不要盲目攀比建筑的高大，也不要把房间设的过多。量力而行，有效和充分地利用建筑空间。

（2）美观大方。颜色搭配得体，视觉观感舒适，符合自身的功能使用特性。

（3）尽可能地选用当地特色的建筑材料。

（4）选择绿色环保的材料，这是指无污染、无放射性、对人体不会造成伤害的建材。如不含甲醛、甲苯、重金属的漆类，不含甲醛的板材，不含放射性元素的石材、陶瓷制品等。

辨别绿色环保材料的方法有：

（1）看建材产品外包装上有没有"中国环境标志"；

(2) 看产品说明书中标明的主要成分是否含有有毒有害物质;

(3) 产品是否经有关权威机构检测,检测数据是不是在安全的范围之内;

(4) 用手触摸后有无烧灼红肿的痕迹和表象。

由国家最高规格的认证委员会——中国环境标志产品认证委员会(CCEL)认证的"环境标志产品"("十环"标志),才是真正的绿色产品。

229. 什么是农房平移技术?

农房平移技术就是通过计算,采用人工与机械的方法,将农房由原址移至指定的地点。

具体做法是:将平移农房与原基础分离,浇筑基础圈梁,设置移动跑道,压实平整;切断墙体,实施托换,下设枕木、轨道、钢辊轴,然后利用卷扬机和钢缆牵动力,实施农房移动。到位后,与新址基础对接,平移完成。

农房平移与当地地质地貌、与结构形式、与平移的距离等有相当大的关系。一般农房多为二至三层的低层住宅楼,自重较轻,后浇的圈梁可增强房屋的整体刚度,房屋的安全性有保证,基本符合农房平移的条件。

230. 农房平移技术有哪些优点?

(1) 节约资金。$200m^2$ 的农房一旦重建则至少需要 20 万元左右(含装修),一进一出,至少节省了 30 多万元,而且农户还有近万元的拆迁收入,农户得益。

(2) 节约土地。平移后,原先的宅基地可集中使用,至少可省出不少的土地,提高了土地利用率,国家也受益。

(3) 节省时间。相对拆除重建,200m 距离内平移工程在一、二个月内可以结束,工期较短;而且在平移过程中,水、电设施采用临时措施供给,农户的正常生活基本上可以不受影响。

（4）节约资源。采用平移技术既利用了原有建筑材料，又不产生建筑垃圾，保护了环境，节约了资源。

231. 农房平移要具备哪些条件？

（1）地形。农房平移沿途的地势要比较平缓，且土质要好，沿途基本上没有沟塘。

（2）结构。平移房屋结构要求整体性较好，砖混结构应有圈梁和构造柱。

（3）距离。平移距离的长短一般不宜超过500m的距离。

（4）队伍。承担农房平移的施工队伍应具有相应的资质，人员要经过培训。

此外，农房平移前应经过计算，结构要采取相应的加固措施。具体做法应依据江苏省地方标准《农房平移技术规程》。

参考文献

1. 江苏省建设厅.《农村建房技术百问》
2. 江苏省建设厅.《江苏省村庄建设规划导则》
3. 《江苏省建筑安装工程质量通病防治手册》. 河海大学出版社
4. 《江苏省住宅设计标准》DGJ 32/J26—2006
5. 《江苏省村镇规划建设管理条例》
6. 江苏省地方标准:《江苏省建筑安装工程施工技术操作规程》地基与基础工程 DB 32/294—1999、砌体结构工程 DB 32/295—1999、混凝土结构工程 DB 32/296—1999、装饰工程 DB 32/301—1999、防水工程 DB 32/302—1999、脚手架工程 DB 32/303—1999、结构安装工程 DB 32/304—1999 等分册
7. 《建筑工程施工质量验收统一标准》GB 50300—2001

传统与现代　　设计：王传磊　蔡凯华

节能村舍　　　　　设计：任留华　龚杰

联排住宅 设计：吴谦会

双拼独院住宅　设计：冯杰

和合人家

设计：祁林　张绍优　肖鲁江

江南人家　　设计：王磊

水乡农宅　　设计：陆建

乡韵风情

设计：娄可志